高等职业教育新形态系列教材

# UG 数字化设计全实例教程
## （活页式教材）

主　编　王甫茂　李　浩　谭跃奎

副主编　严胜利　詹　飞　李俊泓

参　编　杨发毅　任银广　刘伯忠
　　　　楚　功　刘海军　许　辉

北京理工大学出版社
BEIJING INSTITUTE OF TECHNOLOGY PRESS

**版权专有　侵权必究**

### 图书在版编目（CIP）数据

UG 数字化设计全实例教程／王甫茂，李浩，谭跃奎主编．－－北京：北京理工大学出版社，2022.11
　　ISBN 978－7－5763－1792－3

Ⅰ．①U… Ⅱ．①王…②李…③谭… Ⅲ．①机械设计—计算机辅助设计—应用软件—高等职业教育—教材 Ⅳ．①TH122

中国版本图书馆 CIP 数据核字（2022）第 200447 号

| | |
|---|---|
| 出版发行 / 北京理工大学出版社有限责任公司 | |
| 社　　址 / 北京市海淀区中关村南大街 5 号 | |
| 邮　　编 / 100081 | |
| 电　　话 /（010）68914775（总编室） | |
| 　　　　　（010）82562903（教材售后服务热线） | |
| 　　　　　（010）68944723（其他图书服务热线） | |
| 网　　址 / http://www.bitpress.com.cn | |
| 经　　销 / 全国各地新华书店 | |
| 印　　刷 / 河北盛世彩捷印刷有限公司 | |
| 开　　本 / 787 毫米 × 1092 毫米　1/16 | |
| 印　　张 / 17.75 | 责任编辑 / 王玲玲 |
| 字　　数 / 460 千字 | 文案编辑 / 王玲玲 |
| 版　　次 / 2022 年 11 月第 1 版　2022 年 11 月第 1 次印刷 | 责任校对 / 刘亚男 |
| 定　　价 / 59.90 元 | 责任印制 / 李志强 |

**图书出现印装质量问题，请拨打售后服务热线，本社负责调换**

# 前　言

随着国家关于《职业教育提质培优行动计划（2020—2023 年)》的实施和信息技术的发展，数字化虚拟设计在工业中得到广泛应用，企事业单位对相关人才的需求急剧增加，迫使高等职业技术教育加大对数字化虚拟设计技术人才培养规模，以满足社会的人才需求。

为贯彻落实党的二十大精神，本书打破传统的命令学习式软件类工具教材模式，以《工业机器人应用编程》1+X 证书考核平台开发项目为依托，以任务驱动为抓手，以思政教育为主线，校企共同构建全实例活页式教材。

本书共分为 5 个实训项目 17 个实训任务，每一个实训任务均设置了任务简介、实训分组、任务咨询、任务计划、操作步骤、任务实施、任务检查、思政沙龙、任务拓展 9 个部分内容，每项任务均配有相关的教学视频，可充分激发学生自主学习兴趣，提高学生探索新知的欲望，增强学生职业素养和职业精神。

本书为校企合作共同编写，由广安职业技术学院王甫茂、李浩、谭跃奎任主编，严胜利、詹飞、李俊泓担任副主编，杨发毅、任银广、刘伯忠以及宜宾职业技术学院楚功、内江职业技术学院刘海军、江苏汇博机器人技术股份有限公司许辉参编。编写人员工作分配如下：项目一由王甫茂、谭跃奎编写，项目二由詹飞、李浩编写，项目三由严胜利、李俊泓编写，项目四由杨发毅、刘海军、楚功编写，项目五由任银广、刘伯忠、许辉编写。李浩负责全书的统稿工作。

本书结构清晰，内容合理，资源丰富，实用性强，可作为高职高专机电类专业教学用书，也可以作为企事业单位工程技术人员培训教材。本书在编写过程中借鉴了大量的企业素材，在此向合作单位表示真诚的感谢；同时，参考了大量的书籍、文献及手册资料，在此向相关作者表示诚挚的谢意。由于作者水平有限，本书不足之处难免，热切期望得到专家和读者的批评指正。

由于篇幅有限，本书相关工程图的完整图以二维码形式进行展示。此外，读者可到网站（http://i.mooc.chaoxing.com/space/index.shtml）下载本书配套的素材和相关模型文件，在学习过程中如有疑问，也可通过 QQ：529674144 向我们询问，我们将会及时解答。

编　者

# 目　　录

## 项目一　工具模块建模 ... 1
　任务一　工具模块底板建模 ... 9
　任务二　机器人夹具建模 ... 20
　任务三　工具模块立柱建模 ... 35
　任务四　工具模块顶板建模 ... 49

## 项目二　皮带传送模块建模 ... 60
　任务一　皮带张紧架建模 ... 77
　任务二　皮带传动轴建模 ... 89
　任务三　电动机定位架建模 ... 102
　任务四　皮带保护壳建模 ... 114

## 项目三　变位机模块三维建模 ... 128
　任务一　RFID 读写器上盖建模 ... 138
　任务二　通信接头建模 ... 149
　任务三　联轴器建模 ... 159

## 项目四　旋转供料模块建模 ... 171
　任务一　旋转供料模块托盘建模 ... 176
　任务二　旋转供料模块角码建模 ... 188
　任务三　旋转供料模块把手建模 ... 202

## 项目五　物料存储模块装配与工程图 ... 212
　任务一　物料存储模块装配建模 ... 229
　任务二　物料存储模块定位仓工程图 ... 249
　任务三　物料存储模块装配图 ... 265

# 项目一　工具模块建模

**德育目标**

1. 鼓励学生在学习和工作中做好个人发展规划；
2. 培养学生养成了解国家发展现状以及实时政策的良好习惯；
3. 增强学生的爱国情怀，激发学生为国家发展贡献力量的动力；
4. 培养学生学习和工作过程中时常反思总结的良好习惯。

**知识目标**

1. 了解 UG NX 12.0 软件的启动与关闭；
2. 掌握文件的新建、打开、关闭，掌握视图的缩放、平移、旋转等；
3. 了解带边着色、着色和带有淡化边的线框等渲染方式；
4. 了解软件的首选项设置、用户默认设置和定制个性化屏幕；
5. 掌握草图的绘制与编辑工具、尺寸约束和几何约束等相关指令的使用。

**技能目标**

1. 能够正确创建与保存模型文件；
2. 能够对创建完成的视图进行熟练的视图操作；
3. 能够对模型进行渲染；
4. 能够对软件系统进行配置和相关设置；
5. 能够合理运用草图环境中的各个模块创建复杂的草图。

**知识链接**

## 1　NX 基本操作

### 1.1　NX 软件启动与关闭

正确安装好 UG NX 12.0 软件后，要启动 UG NX 12.0 软件，则可以在计算机桌面视窗上双击"NX 快捷方式"图标，便可弹出启动界面，紧接着弹出 NX 初始用户界面，如图 1-1 所示。用户界面由标题栏、嵌入标题栏的快速访问工具栏、功能区、"菜单"按钮、图形窗口/浏览器窗口、导航区和状态栏等组成。

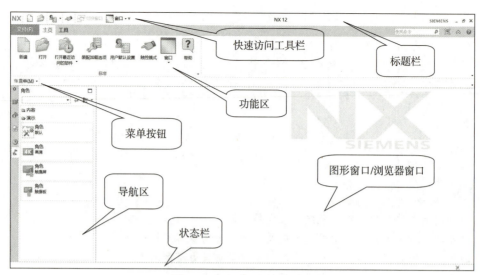

图 1-1 NX 初始用户界面

## 1.2 文件管理基本操作

NX 常用的文件管理基本操作包括新建文件、打开文件、保存文件、关闭文件和文件导入与导出等，这些操作命令基本位于功能区"文件"应用程序菜单，用户也可以单击"菜单"按钮并展开"文件"级联菜单，从"文件"级联菜单中找到关于文件管理基本操作的命令，如图 1-2 所示。

图 1-2 单击"菜单"按钮打开的菜单选项

## 1.3 视图基本操作

视图基本操作的相关工具命令位于"视图"中的"操作"级联菜单中,主要包括"刷新""适合窗口"和"根据选择调整视图"等,其相关功能含义见表 1-1。

表 1-1 视图基本操作

| 序号 | 指令 | 图标 | 功能含义 |
| --- | --- | --- | --- |
| 1 | 刷新 | | 重画图形窗口中的所有视图,以擦除临时显示的对象 |
| 2 | 适合窗口 | | 调整工作视图的中心和比例,以显示所有对象,快捷键为 Ctrl + F |
| 3 | 根据选择调整视图 | | 使工作视图适合当前选定的对象 |
| 4 | 缩放 | | 放大或缩小工作视图,其快捷键为 Ctrl + Shift + Z |
| 5 | 平移 | | 执行该按钮功能时,通过按左键(MB1)并拖动鼠标可平移视图 |
| 6 | 旋转 | | 使用鼠标围绕特定的轴旋转视图,或将其旋转至特定的视图方向,其快捷键为 Ctrl + R |
| 7 | 定向 | | 将工作视图定向到指定的坐标系 |
| 8 | 设置视图至 WCS | | 将工作视图定向到 WCS 的 $XC-YC$ 平面 |
| 9 | 透视 | | 将工作视图从平行投影更改为透视投影 |
| 10 | 镜像显示 | | 创建对称模型一半的镜像,方法是跨某个平面进行镜像 |
| 11 | 设置镜像平面 | | 重新定义用于"镜像显示"选项的镜像平面 |
| 12 | 删除 | | 删除用户定义的视图 |
| 13 | 保存 | | 保存工作视图的方向和参数 |
| 14 | 另存为 | | 用其他名称保存工作视图 |

此外,还可使用快捷键进行一些常规视图操作,见表 1-2。

表 1-2 常规视图操作

| 序号 | 视图操作 | 具体操作说明 | 备注 |
| --- | --- | --- | --- |
| 1 | 平移模型视图 | 在图形窗口中,按住鼠标中键(MB2)+右键(MB3)的同时移动鼠标,可以平移模型视图 | 按住 Shift + 鼠标中键(MB2)的同时拖动鼠标,也可以快速地执行视图平移操作 |
| 2 | 旋转模型视图 | 在图形窗口中,按住鼠标中键(MB2)的同时拖动鼠标,可以旋转模型视图 | 如果要围绕模型上某一位置旋转,那么可以先在该位置按住鼠标中键(MB2)一会儿,然后开始拖动鼠标 |
| 3 | 缩放模型视图 | 在图形窗口中,按住鼠标左键(MB1)和中键(MB2)的同时拖动鼠标,可以缩放模型视图 | 也可以使用鼠标滚轮,或者按住 Ctrl + 鼠标中键(MB2)的同时拖动鼠标 |

项目一 工具模块建模

## 1.4 渲染样式

三维产品模型的基本显示效果由软件的渲染显示样式来设定,可以展开"渲染样式下拉菜单"来设置,如图1-3所示,也可以在图形窗口中右击空白区域,接着从弹出的快捷菜单中展开"渲染样式"下拉菜单,然后选择一个渲染样式选项。

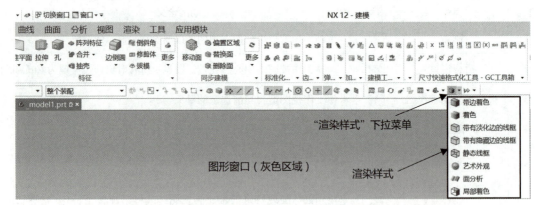

图1-3 "视图组"工具条中设置显示样式

可用的模型显示样式见表1-3。

表1-3 可用的模型显示样式一览表

| 序号 | 显示样式 | 图标 | 说明 |
|---|---|---|---|
| 1 | 带边着色 | | 用光顺着色和打光渲染工作视图中的面并显示面的边 |
| 2 | 着色 | | 用光顺着色和打光渲染工作视图中的面(不显示面的边) |
| 3 | 带有淡化边的线框 | | 对不可见的边缘线用淡化的浅色细实线来显示,其他可见的线(含轮廓线)则用相对粗的设定颜色的实线显示 |
| 4 | 带有隐藏边的线框 | | 对不可见的边缘线进行隐藏,而可见的轮廓边以线框形式显示 |
| 5 | 静态线框 | | 系统将显示当前图形对象的所有边缘线和轮廓线,而不管这些边线是否可见 |
| 6 | 艺术外观 | | 根据指派的基本材料、纹理和光源实际渲染工作视图中的面,使得模型显示效果更接近于真实 |
| 7 | 面分析 | | 用曲面分析数据渲染工作视图中的分析曲面,即用不同的颜色、线条、图案等方式显示指定表面上各处的变形、曲率半径等情况,可通过"编辑对象显示"对话框(选择"编辑"→"对象显示"命令并选择对象后,可打开"编辑对象显示"对话框)来设置着色面的颜色 |
| 8 | 局部着色 | | 用光顺着色和打光渲染工作视图中的局部着色面(可通过"编辑对象显示"对话框来设置局部着色面的颜色,并注意启用局部着色模型),而其他表面用线框形式显示 |

## 1.5 系统配置基础

可以对NX系统基本参数进行个性化定制,使绘图环境更适合自己和所在的设计团队。NX

系统配置基础主要包括设置 NX 首选项、用户默认设置和个性化屏幕等。

(1) 首选项设置

在功能区的"文件"菜单下选择"首选项",可对"建模""草图"和"装配"等进行参数设置,如图 1-4 所示。

图 1-4 "首选项"可设置情况

(2) 用户默认设置

在功能区的"文件"应用程序菜单下选择"使用工具",打开"用户默认设置"对话框,可进行相关参数设置,如图 1-5 所示。值得注意的是,需重启软件后才能起作用。

图 1-5 "用户默认设置"对话框

项目一　工具模块建模　　5

(3) 定制个性化屏幕

用户可对软件界面进行个性化定制，展开"菜单"按钮，选择"工具"，单击"定制"，在弹出的对话框中即可进行相关定制，如图1-6所示。

## 2 草图

### 2.1 草图绘制与编辑工具

在功能区"主页"选项卡的"直接草图"面板中单击"草图"按钮，弹出图1-7所示的"创建草图"对话框，默认草图类型为"在平面上"，选择平面方法为"自动判断"或"新平面"，这里默认选择"自动判断"，参考为"水平"等，默认以XY平面作为草图平面，单击"确定"按钮，进入直接草图模式。与此同时，功能区选项卡出现"直接草图"模块，其相关命令的功能含义见表1-4。通过组合表格中的基本图元或图线并使用编辑工具进行编辑处理，即可得到想要的草图。

图1-6 "定制"对话框

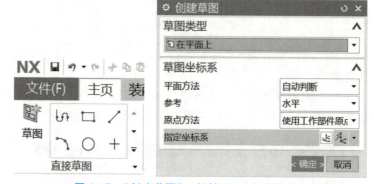

图1-7 "创建草图"对话框展开方式及界面

表1-4 主要草图工具命令

| 序号 | 名称 | 图标 | 功能含义 |
|---|---|---|---|
| 1 | 完成草图 | ⚑ | 完成绘制草图，即停用活动草图，其对应的快捷键为 Ctrl + Q |
| 2 | 轮廓 | ↳ | 以线串模式创建一系列连接的直线和/或圆弧，也就是说，上一条曲线的终点变成下一条曲线的起点 |
| 3 | 矩形 | ▭ | 用于创建矩形，有三种方式：按2点、按3点和从中心 |
| 4 | 直线 | / | 用约束自动判断创建直线 |
| 5 | 圆弧 | ⌒ | 通过三点或通过指定其中心和端点创建圆弧 |
| 6 | 圆 | ○ | 通过三点或通过指定其中心和直径创建圆 |

续表

| 序号 | 名称 | 图标 | 功能含义 |
|---|---|---|---|
| 7 | 点 | + | 创建草图点 |
| 8 | 倒斜角 |  | 对两条草图线之间的尖角进行倒角 |
| 9 | 圆角 |  | 在两条或三条曲线之间创建圆角 |
| 10 | 快速修剪 |  | 以任一方向将曲线修剪至最近的交点或选定的曲线 |
| 11 | 快速延伸 |  | 将曲线延伸至另一条邻近曲线或选定的曲线 |
| 12 | 偏置曲线 |  | 按指定偏置距离移动一组曲线的尺寸,并调整相邻曲线进行适应 |
| 13 | 艺术样条 |  | 通过拖动定义点或极点并在定义点指派斜率或曲率约束,动态创建或编辑样条 |
| 14 | 阵列曲线 |  | 阵列位于草图平面上的曲线链 |
| 15 | 镜像曲线 |  | 创建位于草图平面上的曲线链的镜像图样 |

### 2.2 尺寸约束

草图尺寸可以分为 3 类:驱动尺寸、自动尺寸和参考尺寸。驱动尺寸用于控制草图中的设计意图,其作用是改变草图的位置、形状和尺寸,每个驱动尺寸都会创建一个可编辑的表达式;自动尺寸会显示尚未添加设计意图的位置,并会在设计草图期间创建自动尺寸,用户可自行添加尺寸将自动尺寸转化为驱动尺寸;参考尺寸仅显示信息,不会约束草图,可使用任意尺寸命令中"参考"选项来创建参考尺寸。NX 提供了一系列主要的尺寸工具命令,见表 1-5。

表 1-5 主要尺寸工具命令

| 序号 | 尺寸命令 | 图标 | 功能描述 | 测量方法 |
|---|---|---|---|---|
| 1 | 快速标注 |  | 为选定的一个或两个对象间创建尺寸约束,该命令会根据选定的对象自动判断这些测量类型中的一种,或者由用户选择其中一种尺寸测量方法 | 水平、竖直、点到点、垂直、圆柱坐标系、角度、径向和直径 |
| 2 | 线性尺寸 |  | 使用其中一种尺寸测量方法在选定的对象间创建尺寸约束 | 水平、竖直、点到点、垂直、圆柱坐标系 |
| 3 | 径向尺寸 |  | 在选定的圆弧或圆上创建一个角度尺寸约束 | 径向、直径 |
| 4 | 角度尺寸 |  | 在选定的两条线间创建一个角度尺寸约束 | 不能将该测量方法改为其他类型 |
| 5 | 周长尺寸 |  | 创建一个表达式,以控制选定的一组直线和圆弧的总长度 | 不能将该测量方法改为其他类型 |

### 2.3 几何约束

NX 中的几何约束主要包括重合、点在曲线上、相切、平行、垂直、水平、竖直、水平对齐、竖直对齐、中点、共线、同心、等长、等半径、设为对称等,见表 1-6。

项目一 工具模块建模 **7**

表 1-6　几何约束命令

| 序号 | 约束命令 | 图标 | 功能描述 |
| --- | --- | --- | --- |
| 1 | 重合 |  | 约束两个或多个选定的顶点或点，使之重合 |
| 2 | 点在曲线上 |  | 约束两条或多条选定的顶点或点，使之位于一条直线上 |
| 3 | 相切 |  | 约束两条选定的曲线，使之相切 |
| 4 | 平行 |  | 约束两条或多条选定的曲线，使之平行 |
| 5 | 垂直 |  | 约束两条选定的曲线，使之垂直 |
| 6 | 水平 |  | 约束一条或多条选定的曲线，使之水平 |
| 7 | 竖直 |  | 约束一条或多条选定的曲线，使之竖直 |
| 8 | 水平对齐 |  | 约束两条或多条选定的顶点或点，使之水平对齐 |
| 9 | 竖直对齐 |  | 约束两条或多条选定的顶点或点，使之竖直对齐 |
| 10 | 中点 |  | 约束一个选定的顶点或点，使之与一条线或圆弧的中点对齐 |
| 11 | 共线 |  | 约束两条或多条选定的直线，使之共线 |
| 12 | 同心 |  | 约束两条或多条选定的曲线，使之同心 |
| 13 | 等长 |  | 约束两条或多条选定的直线，使之等长 |
| 14 | 等半径 |  | 约束两个或多个选定的圆弧，使之半径相等 |
| 15 | 设为对称 |  | 将两个点或曲线约束为相对于草图上的对称线对称 |

要创建几何约束，则需先进入草图环境，然后单击"更多"下方的下拉箭头，单击"几何约束"按钮，在弹出的"几何约束"对话框中，选择所需要的约束类型，然后选择"选择要约束的对象"和"选择要约束到的对象"，"几何约束"窗口如图 1-8 所示。

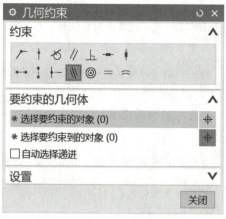

图 1-8　"几何约束"对话框

## 任务一　工具模块底板建模

### 任务简介

某企业接到了《工业机器人应用编程》1+X证书考核平台生产任务，现需生产加工工具模块底板建模，该零件工程图如图1-9所示，请完成该零件的三维建模。

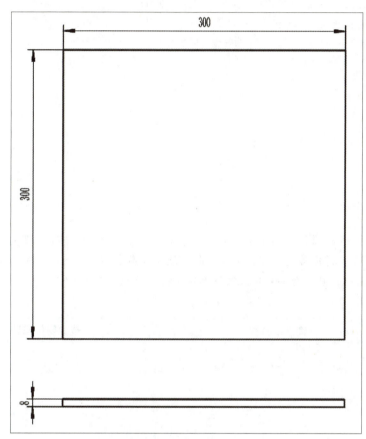

图1-9　工具模块底板建模工程图

假设你是负责该项目的工程师，请你利用UG NX 12.0软件，完成工具模块底板建模三维模型创建，任务要求见表1-7。

表1-7　工具模块底板建模要求

| 序号 | 要求 |
| --- | --- |
| 1 | 三维模型每一个位置尺寸都应严格按照平面图要求执行 |
| 2 | 用"矩形"指令的"从中心方式"创建草图 |
| 3 | 用拉伸指令创建工具模块底板的三维模型 |
| 4 | 用"设计特征"中的"长方体"方式创建模型 |
| 5 | 合理选择模型的显示样式 |

项目一　工具模块建模　9

## 实训分组

表1-8  实训任务分配表

| 组长 | | 学号 | | 电话 | |
|---|---|---|---|---|---|
| 专业教师 | | | 企业导师 | | |
| 组员 | 姓名：_____  学号：_____  姓名：_____  学号：_____  姓名：_____  学号：_____ | | | | |
| | 姓名：_____  学号：_____  姓名：_____  学号：_____  姓名：_____  学号：_____ | | | | |
| 小组成员任务分工 | | | | | |
| | | | | | |

## 任务咨询

请同学们利用网络资源和图书资源，查阅关于UG NX 12.0三维建模软件使用方法，熟悉UG NX 12.0软件模型文件创建与保存，了解矩形、拉伸等指令的使用方法，掌握工具模块中工具模块底板建模的流程，并将查询的相关信息填写在表1-9~表1-11中。

表1-9  任务咨询网站信息

| 序号 | 查询网站名称 | 查询网站网址 |
|---|---|---|
| 1 | | |
| 2 | | |
| | | |

表1-10  任务咨询图书信息

| 序号 | 查询图书名称 | 查询图书范围 |
|---|---|---|
| 1 | | |
| 2 | | |
| | | |

表1-11  任务咨询信息整理

| 信息记录 |
|---|
| |
| |
| |

任务计划

请同学们根据任务要求，结合任务咨询结果，制订一份关于工具模块中的工具模块底板三维模型创建计划书，并将相关信息填写在表 1-12 中。

表 1-12　工具模块底板三维模型创建计划书

| 任务名称 | |
|---|---|
| 任务流程图 | |
| 任务指令 | |
| 任务注意事项 | |

工具模块中底板三维模型创建的操作步骤见表 1–13。

表 1–13　工具模块底板三维模型创建步骤

工具架底板三维建模

| 序号 | 图片展示 | 说明 |
|---|---|---|
| 1 | 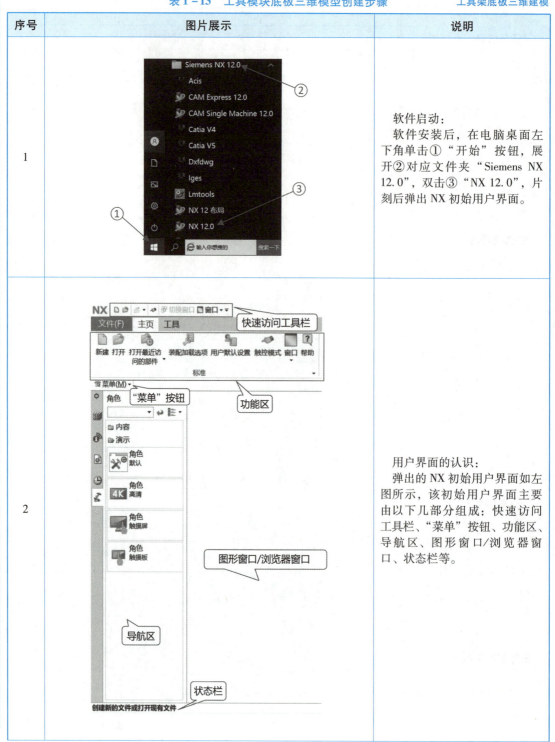 | 软件启动：<br>软件安装后，在电脑桌面左下角单击①"开始"按钮，展开②对应文件夹"Siemens NX 12.0"，双击③"NX 12.0"，片刻后弹出 NX 初始用户界面。 |
| 2 |  | 用户界面的认识：<br>弹出的 NX 初始用户界面如左图所示，该初始用户界面主要由以下几部分组成：快速访问工具栏、"菜单"按钮、功能区、导航区、图形窗口/浏览器窗口、状态栏等。 |

续表

| 序号 | 图片展示 | 说明 |
|---|---|---|
| 3 | 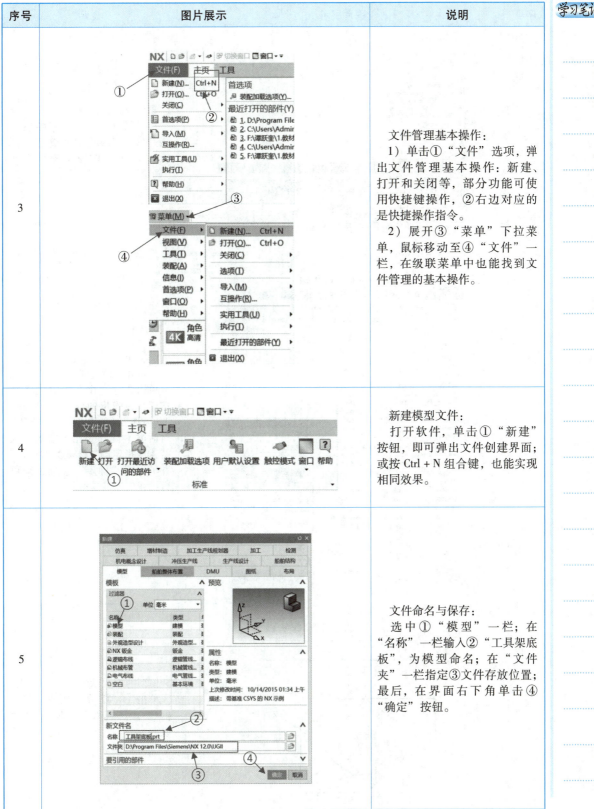 | 文件管理基本操作：<br>1）单击①"文件"选项，弹出文件管理基本操作：新建、打开和关闭等，部分功能可使用快捷键操作，②右边对应的是快捷操作指令。<br>2）展开③"菜单"下拉菜单，鼠标移动至④"文件"一栏，在级联菜单中也能找到文件管理的基本操作。 |
| 4 | | 新建模型文件：<br>打开软件，单击①"新建"按钮，即可弹出文件创建界面；或按 Ctrl + N 组合键，也能实现相同效果。 |
| 5 | | 文件命名与保存：<br>选中①"模型"一栏；在"名称"一栏输入②"工具架底板"，为模型命名；在"文件夹"一栏指定③文件存放位置；最后，在界面右下角单击④"确定"按钮。 |

项目一　工具模块建模　　13

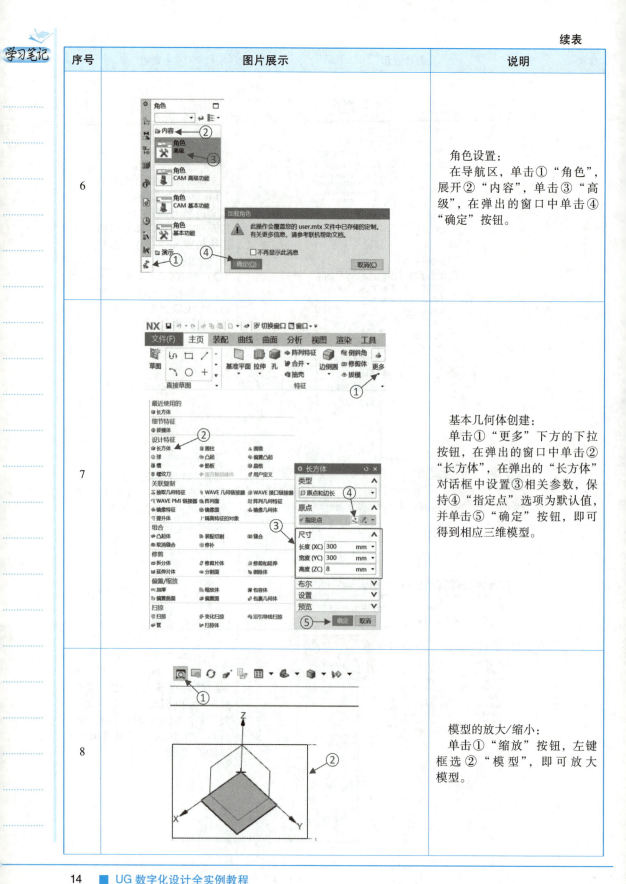

续表

| 序号 | 图片展示 | 说明 |
|---|---|---|
| 9 | 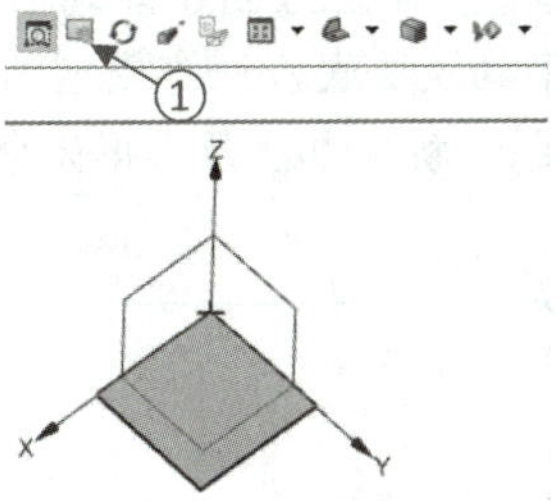 | 模型的平移：<br>单击①"平移"，光标移至模型上，变成手掌样式时按住左键不松，同时移动鼠标，即可平移模型。 |
| 10 | 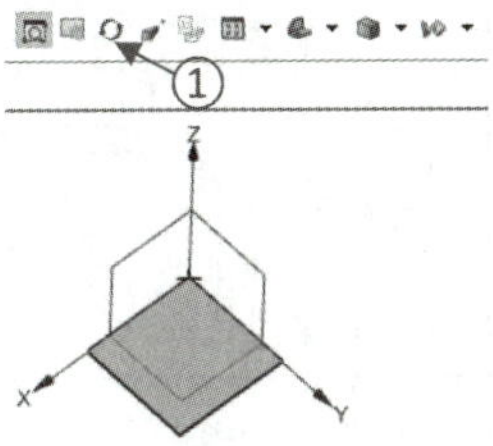 | 模型的旋转：<br>单击①"旋转"，光标移至模型上，按住左键不松，移动鼠标，即可旋转模型。 |
| 11 | 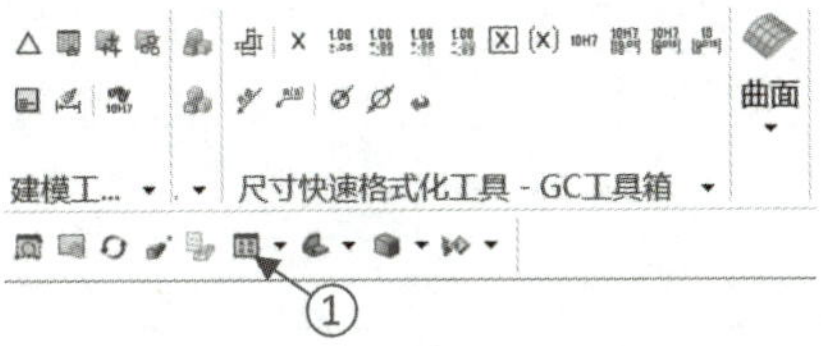 | 适合窗口：<br>单击①"适合窗口"，模型调整至全窗口显示。 |
| 12 | 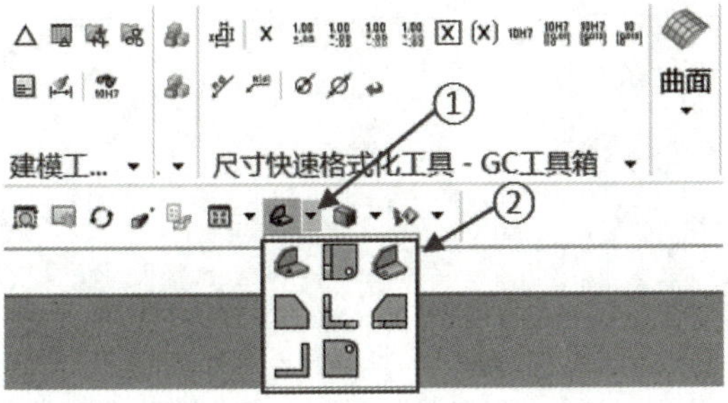 | 视图方向的调整：<br>展开①"正三轴测图"右侧下拉按钮，内有②"俯视图""前视图"和"后视图"等，单击对应视图，即可调整到对应视图模式。 |
| 13 | 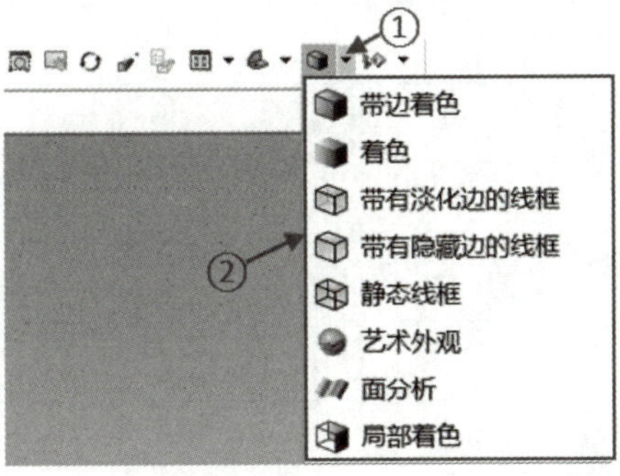 | 显示样式的调整：<br>模型默认显示样式为"带边着色"，单击①右侧下拉按钮，下拉菜单中有②多种显示样式："着色""带有淡化边的线框"和"带有隐藏边的线框"等，单击对应位置，可切换显示样式。 |

项目一　工具模块建模　　15

任务实施

请同学们根据任务计划阶段做的工具模块底板三维模型创建计划书,并结合操作步骤所展示的内容,利用 UG NX 12.0 三维建模软件完成工具模块底板三维模型的创建,并将建好的模型上传至超星网络教学平台。请将实训中出现的问题、解决办法及心得体会记录在表 1 – 14 中。

表 1 – 14　实训过程记录表

| 实训中出现的问题 | |
|---|---|
| 实训问题解决办法 | |
| 实训心得体会 | |

## 任务检查

完成建模任务之后，请分别找两位同学（一位来自小组内，一位来自小组外）为你作品评分，同时，在超星平台中查看企业导师与专业教师的评分情况，并根据老师、导师以及同学的评分情况修订作品。工具模块底板建模评分表见表1-15。

表1-15 工具模块底板建模评分表

| 姓名 | | 学号 | | | 得分 | | |
|---|---|---|---|---|---|---|---|
| 序号 | 检查内容及标准 | | | 配分 | 组内评分 | 组外评分 | 导师评分 | 教师评分 |

| 序号 | 检查内容及标准 | 配分 | 组内评分 | 组外评分 | 导师评分 | 教师评分 |
|---|---|---|---|---|---|---|
| 1 | 创建模型文件正确得10分 | 10 | | | | |
| 2 | 创建矩形草图正确得15分 | 15 | | | | |
| 3 | 能够操作模型视图平移得10分 | 10 | | | | |
| 4 | 能够操作模型视图旋转得10分 | 10 | | | | |
| 5 | 能够操作模型视图缩放得10分 | 10 | | | | |
| 6 | 指定视图方向后能够正确切换得15分 | 15 | | | | |
| 7 | 指定显示样式后能够正确显示得15分 | 15 | | | | |
| 8 | 实训过程中未违反课题规章制度得2分 | 2 | | | | |
| 9 | 按照实训设备使用规程操作设备得5分 | 5 | | | | |
| 10 | 按时参加学习，无迟到、早退得3分 | 3 | | | | |
| 11 | 实训过程中能主动帮助同学得5分 | 5 | | | | |
| | 合计总分 | 100 | | | | |
| 评分评语 | | | | | | |
| 评分人员签字 | | | | | | |

注意：本项目组内评分占20%，组外评分占20%，企业导师评分占30%，专业课教师评分占30%。

## 思政沙龙

### 1. 活动讨论

在自动化设备中,板类零件应用非常广泛,例如:地脚支撑板和台板,它们都在各自的结构中发挥着不同的作用,保证设备的正常运行。请同学们结合自己的情况,谈谈我们在祖国的建设中怎样做好一块"支撑板",为祖国的建设发展贡献我们自己的力量,将讨论信息记录在表 1-16 中。

表 1-16 讨论记录表

| 讨论信息 |
| --- |
|  |
|  |
|  |
|  |
|  |
|  |

### 2. 导师点评

利用 QQ、微信、学习通 APP 等聊天软件连线企业导师,倾听导师对同学完成该项目情况的点评,将点评信息记录在表 1-17 中。

表 1-17 导师点评记录表

| 导师点评信息 |
| --- |
|  |
|  |
|  |
|  |
|  |
|  |
|  |

### 3. 教师点评

请同学们将专业教师的点评信息记录在表 1-18 中。

表 1-18 教师点评记录表

| 教师点评信息 |
| --- |
|  |
|  |
|  |
|  |
|  |
|  |
|  |

## 任务拓展

销钉类零件在自动化领域应用非常广泛，比如：板类零件的定位（两个圆柱销的组合，两个台阶销、一个圆柱销和一个菱形销的组合等）、直线导轨的定位（两圆柱销做靠销），圆柱销工程图如图 1-10 所示。

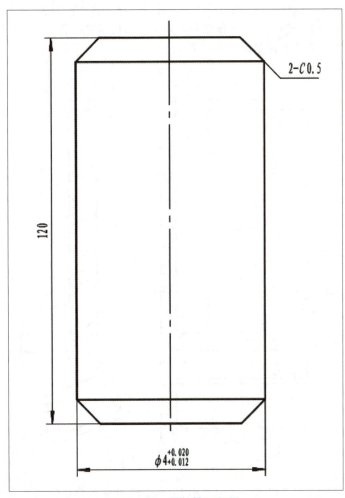

图 1-10　圆柱销工程图

假设你是负责该项目的工程师，请利用 UG NX 12.0 软件完成圆柱销三维模型的创建，要求见表 1-19。

表 1-19　圆柱销建模要求

| 序号 | 要求 |
| --- | --- |
| 1 | 三维模型每一个位置尺寸都应严格按照平面图要求执行 |
| 2 | 只能通过"设计特征"中的"圆柱"方式创建 |
| 3 | 2-C0.5 倒角特征暂不要求 |
| 4 | 建好的模型请同学们上传到超星网络教学平台中 |
| 5 | 请同学们根据超星平台中的圆柱销建模评分要求进行相互评分 |

项目一　工具模块建模

## 任务二　机器人夹具建模

**任务简介**

某企业接到了《工业机器人应用编程》1+X 证书考核平台生产任务，现需要对平台中工具模块的机器人夹具进行生产加工，为了保证加工质量，满足客户要求，该企业现需对机器人夹具进行建模分析。机器人夹具工程图如图 1-11 所示。

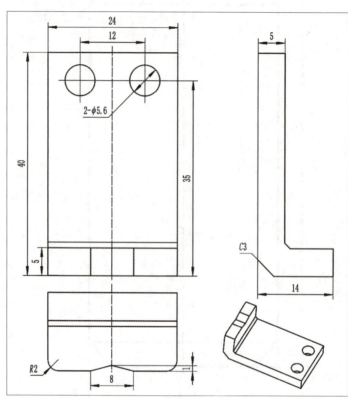

图 1-11　机器人夹具工程图

假设你是负责该项目的工程师，请你利用 UG NX 12.0 软件完成机器人夹具三维模型创建，实训任务要求见表 1-20。

表 1-20　机器人夹具建模要求

| 序号 | 要求 |
| --- | --- |
| 1 | 严格按照机器人夹具工程图绘制三维模型 |
| 2 | 用"矩形""圆"和"轮廓"等指令绘制草图，并进行几何约束 |
| 3 | 用"拉伸"（求和、求差）创建该三维模型上的各特征 |
| 4 | 利用"快速尺寸"为草图中各尺寸添加尺寸约束 |
| 5 | 利用"几何约束"为草图添加几何约束，不得欠约束或过约束 |
| 6 | 利用"边倒圆"和"倒斜角"处理模型的部分锐边 |

### 实训分组

实训任务分配表见表 1-21。

表 1-21  实训任务分配表

| 组长 | | 学号 | | 电话 | |
|---|---|---|---|---|---|
| 专业教师 | | | 企业导师 | | |
| 组员 | 姓名：_____  姓名：_____  姓名：_____ | 学号：_____  学号：_____  学号：_____ | 姓名：_____  姓名：_____  姓名：_____ | | 学号：_____  学号：_____  学号：_____ |
| 小组成员任务分工 | | | | | |
|  | | | | | |

### 任务咨询

请同学们利用网络资源和图书资源，查阅关于 UG NX 12.0 三维建模软件使用方法，熟悉"圆"和"矩形"等常见绘图指令的使用方法，了解各种"几何约束"的意义和使用方法，掌握"拉伸"指令中求和、求差的含义和使用方法，掌握工具模块中机器人夹具的建模流程，并将查询的相关信息填写在表 1-22 ~ 表 1-24 中。

表 1-22  任务咨询网站信息

| 序号 | 查询网站名称 | 查询网站网址 |
|---|---|---|
| 1 | | |
| 2 | | |

表 1-23  任务咨询图书信息

| 序号 | 查询图书名称 | 查询图书范围 |
|---|---|---|
| 1 | | |
| 2 | | |

表 1-24  任务咨询信息整理

| 信息记录 |
|---|
| |
| |
| |

项目一  工具模块建模

请同学们根据任务简介要求,结合任务咨询结果,制订一份关于工具模块中的机器人夹具三维模型创建计划书,并将相关信息填写在表 1 – 25 中。

表 1 – 25  机器人夹具三维模型创建计划书

| 任务名称 | |
|---|---|
| 任务流程图 | |
| 任务指令 | |
| 任务注意事项 | |

工具模块中的机器人夹具三维模型创建步骤见表 1-26。

机器人夹具三维建模

表 1-26　机器人夹具三维模型创建步骤

| 序号 | 图片展示 | 说明 |
| --- | --- | --- |
| 1 |  | 创建模型文件：<br>新建文件，选中①"模型"栏；在"名称"栏输入②"机器人夹具"，为模型命名；在"文件夹"栏指定③文件存放位置。 |
| 2 |  | 创建草图（1）：<br>单击①"草图"按钮，弹出新界面。 |
| 3 |  | 创建草图（2）：<br>"草图类型"选择①"在平面上"，其余设置保持默认；选择②XY 平面作为草图平面；鼠标靠近平面角点，边线变红时单击；单击③"确定"按钮。 |
| 4 |  | 创建草图（3）：<br>1）单击①"矩形"。<br>2）"矩形方法"选择②"按 2 点"，在基准坐标附近先后单击两次，即可创建一个矩形草图。 |

项目一　工具模块建模　23

续表

| 序号 | 图片展示 | 说明 |
|---|---|---|
| 5 | | 创建草图（4）：<br>1）展开①"更多"的下拉菜单，单击②"草图约束"中的"设为对称"。<br>2）新窗口中的"主对象"和"次对象"的"选择对象"分别选择③④矩形草图的左、右边线，"对称中心线"的"选择中心线"选择⑤$Y$轴。<br>3）单击⑥"几何约束"，在新窗口中单击"确定"按钮，再次弹出窗口，在"约束"中选择⑦"共线"，"选择要约束的对象"选择⑧矩形草图下边线，"选择要约束到的对象"选择⑨$X$轴。 |
| 6 | | 创建草图（5）：<br>双击①竖直方向的尺寸，弹出新窗口，可通过修改 p0 的值来修改尺寸，将 p0 修改为② 40；通过相同方式，将水平方向尺寸修改为 24。单击"完成草图"按钮，退出草图。 |
| 7 | | "拉伸"指令的调用：<br>单击①"拉伸"按钮，弹出新窗口。 |

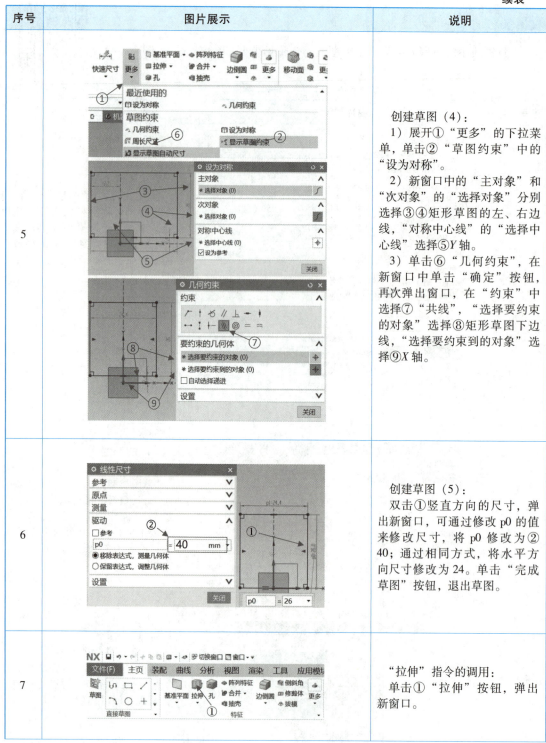

24 ■ UG 数字化设计全实例教程

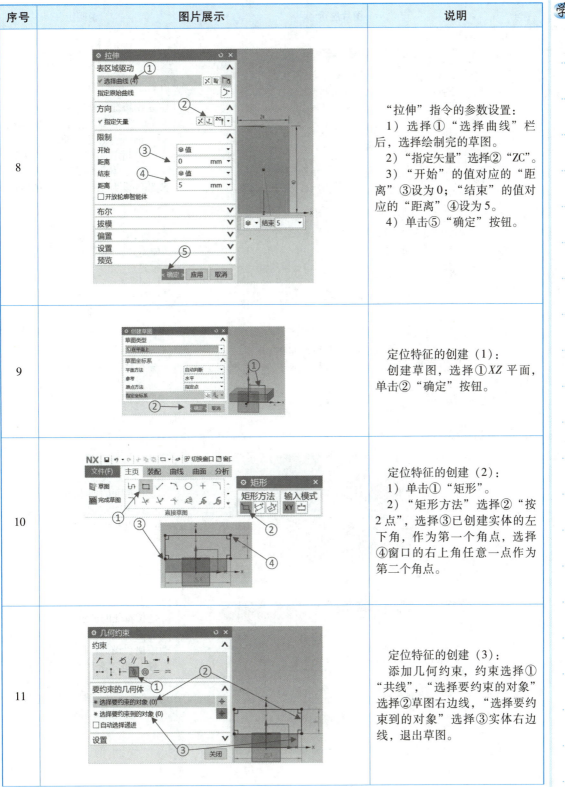

续表

| 序号 | 图片展示 | 说明 |
|---|---|---|
| 12 |  | 定位特征的创建（4）：<br>1）选择①"选择曲线"栏后，选择绘制完的草图。<br>2）"指定矢量"选择②"YC"。<br>3）"开始"的值对应的"距离"③设为0；"结束"的值对应的"距离"设为④5。<br>4）"布尔"选择⑤"合并"，"选择体"选择⑥已创建实体，单击⑦"确定"按钮。 |
| 13 |  | 定位特征的创建（5）：<br>进入草图环境，单击①"轮廓"按钮。 |
| 14 |  | 定位特征的创建（6）：<br>选择①四点创建一个三角形，其中起点和终点需重合。 |
| 15 |  | 定位特征的创建（7）：<br>为上一步骤中的三角形两斜边添加"设为对称"约束："主对象"和"次对象"的"选择对象"分别选择①②左右两斜边，"对称中心线"的"选择中心线"选择③Z轴。 |

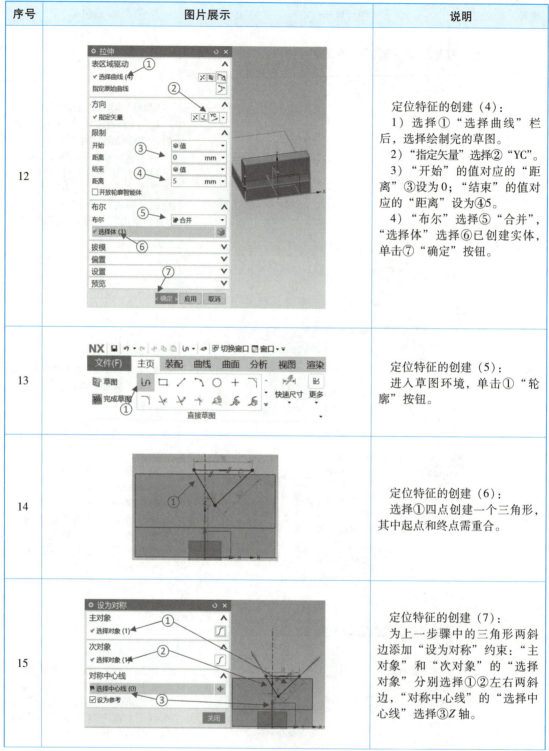

续表

| 序号 | 图片展示 | 说明 |
|---|---|---|
| 16 | | 定位特征的创建（8）：<br>对草图添加几何约束，约束选择①"共线"，"选择要约束的对象"选择②三角形上边线，"选择要约束到的对象"选择③实体上边线，退出草图。 |
| 17 | | 定位特征的创建（9）：<br>单击①"快速尺寸"，添加竖直方向的尺寸约束。 |
| 18 | | 定位特征的创建（10）：<br>"选择第一个对象"选择①三角形上边线，"选择第二个对象"选择②三角形下方交点，移动鼠标至合适位置，单击，指定尺寸摆放位置，单击③"关闭"按钮。 |
| 19 | | 定位特征的创建（11）：<br>双击①竖直尺寸，在弹出的对话框中将对应的 p9 值改成②1；用相同方式，将水平尺寸改成③8，退出草图环境。 |

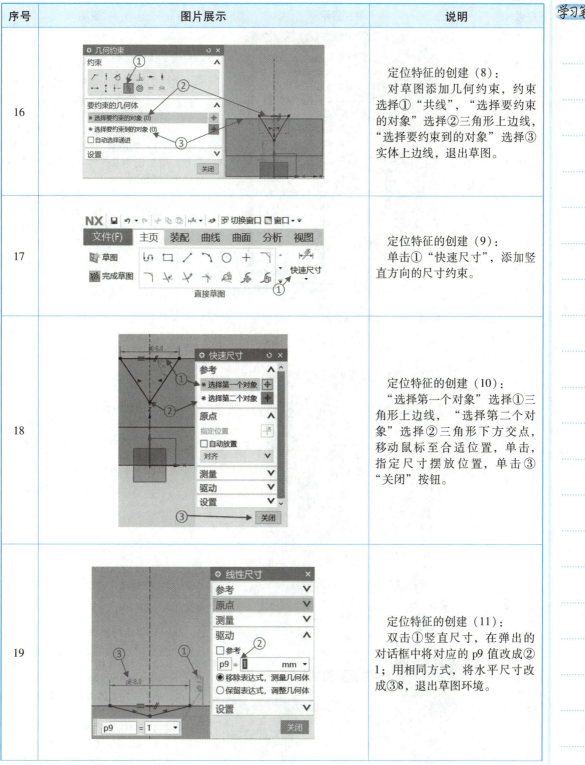

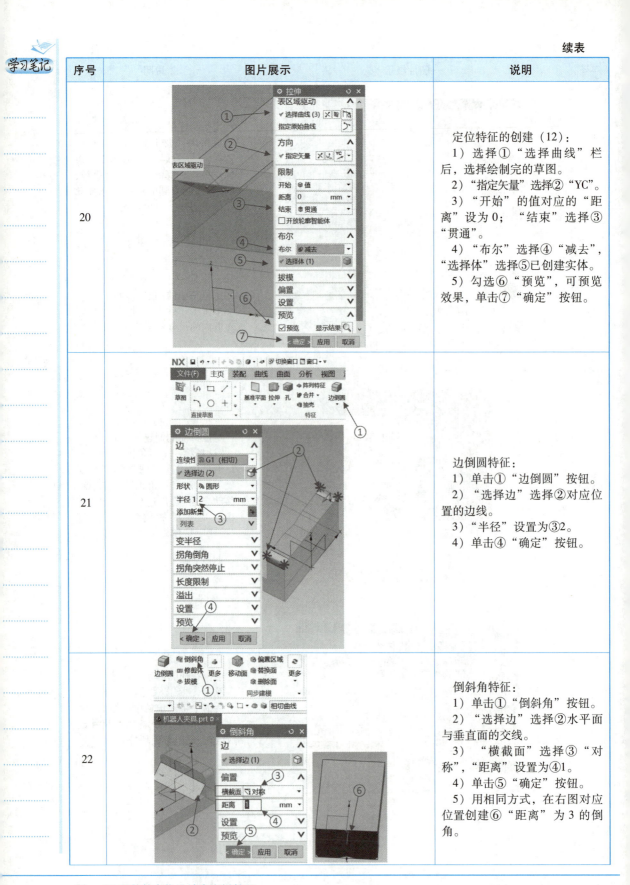

续表

| 序号 | 图片展示 | 说明 |
|---|---|---|
| 23 | | 安装孔创建（1）：<br>1）新建草图，选择①平面。<br>2）"原点方法"选择②"使用工作部件原点"。<br>3）单击③"确定"按钮。 |
| 24 | | 安装孔创建（2）：<br>1）单击①"圆"按钮，"圆方法"选择②"圆和直径定圆"。<br>2）在绘图区单击，指定③圆心位置，在弹出的直径框输入④5.6，按Enter键，即完成圆的创建；再指定⑤一个点，即可绘制另一个相同大小的圆。 |
| 25 | | 安装孔创建（3）：<br>1）用"快速尺寸"为两个圆添加①定位尺寸，圆心距约束时，"选择第一个对象"和"选择第二个对象"需选择②③两个圆的圆心；添加其余尺寸约束时，应选择圆心和对应的边线。<br>2）单击"完成草图"按钮，退出草图环境。 |

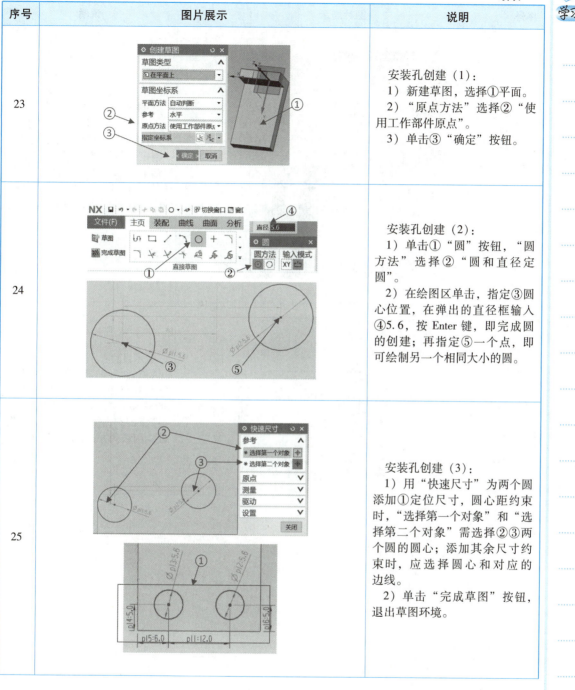

项目一　工具模块建模

续表

| 序号 | 图片展示 | 说明 |
|---|---|---|
| 26 | 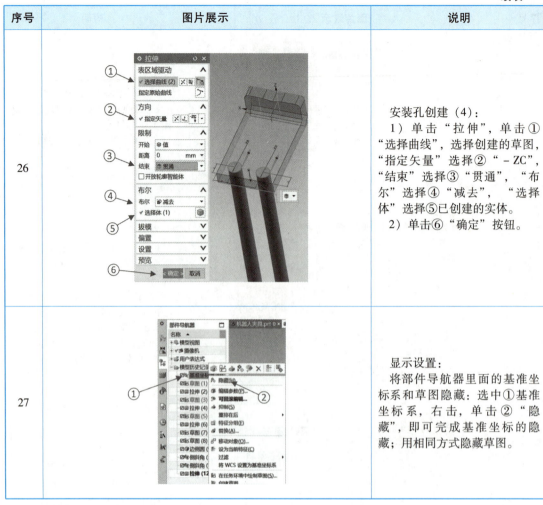 | 安装孔创建（4）：<br>1）单击"拉伸"，单击①"选择曲线"，选择创建的草图，"指定矢量"选择②"-ZC"，"结束"选择③"贯通"，"布尔"选择④"减去"，"选择体"选择⑤已创建的实体。<br>2）单击⑥"确定"按钮。 |
| 27 |  | 显示设置：<br>将部件导航器里面的基准坐标系和草图隐藏：选中①基准坐标系，右击，单击②"隐藏"，即可完成基准坐标的隐藏；用相同方式隐藏草图。 |

## 任务实施

请同学们根据任务计划阶段做的机器人夹具三维模型创建计划书,并结合操作步骤所展示的内容,利用 UG NX 12.0 三维建模软件完成机器人夹具模型的创建,并将建好的模型上传到超星网络教学平台。请将实训中出现的问题、解决办法及心得体会记录在表 1-27 中。

表 1-27 实训过程记录表

| | |
|---|---|
| 实训中出现的问题 | |
| 实训问题解决办法 | |
| 实训心得体会 | |

## 学习笔记

### 任务检查

完成建模任务之后，请分别找两位同学（一位来自小组内，一位来自小组外）为你作品评分，同时，在超星平台中查看企业导师与专业教师的评分情况，并根据老师、导师以及同学的评分情况修订作品。机器人夹具建模评分表见表 1－28。

表 1－28　机器人夹具建模评分表

| 姓名 | | 学号 | | 得分 | | | |
|---|---|---|---|---|---|---|---|
| 序号 | 检查内容及标准 | | 配分 | 组内评分 | 组外评分 | 导师评分 | 教师评分 |
| 1 | 创建模型文件正确得 10 分 | | 10 | | | | |
| 2 | 创建机器人夹具安装特征正确得 10 分 | | 10 | | | | |
| 3 | 创建机器人夹具夹持特征正确得 10 分 | | 10 | | | | |
| 4 | 正确使用圆、矩形指令创建草图得 15 分 | | 15 | | | | |
| 5 | 草图约束正确，无过或欠约束，得 15 分 | | 15 | | | | |
| 6 | 正确使用拉伸（求和、求差）得 15 分 | | 15 | | | | |
| 7 | 机器人夹具模型尺寸正确得 10 分 | | 10 | | | | |
| 8 | 实训过程中未违反课题规章制度得 2 分 | | 2 | | | | |
| 9 | 按照实训设备使用规程操作设备得 5 分 | | 5 | | | | |
| 10 | 按时参加学习，无迟到、早退得 3 分 | | 3 | | | | |
| 11 | 实训过程中能主动帮助同学得 5 分 | | 5 | | | | |
| | 合计总分 | | 100 | | | | |
| 评分评语 | | | | | | | |
| 评分人员签字 | | | | | | | |

注意：本项目组内评分占 20%，组外评分占 20%，企业导师评分占 30%，专业课教师评分占 30%。

## 思政沙龙

### 1. 活动讨论

随着《中国制造 2025》政策的实施，工业机器人在各行各业中得到了广泛的应用，但工业机器人在出厂的时候是没有工具的，需要根据机器人的具体使用场景设计（选择）相关的工具，以满足工业机器人的使用要求，请同学们讨论一下，工业机器人主要用于哪些场景，分别要给机器人配什么工具，请将其记录在表 1-29 中。

表 1-29 讨论记录表

| 讨论信息 |
|---|
|  |
|  |
|  |
|  |
|  |
|  |
|  |

### 2. 导师点评

利用 QQ、微信、学习通 APP 等聊天软件连线企业导师，倾听导师对同学完成该项目情况的点评，将点评信息记录在表 1-30 中。

表 1-30 讨论记录表

| 导师点评信息 |
|---|
|  |
|  |
|  |
|  |
|  |
|  |

### 3. 教师点评

请同学们将专业教师的点评信息记录在表 1-31 中。

表 1-31 讨论记录表

| 教师点评信息 |
|---|
|  |
|  |
|  |
|  |
|  |
|  |

在自动化领域，工装夹具应用非常广泛，主要用于零部件的定位夹紧，其中 V 形块就是一种常见的定位零件。现有一块 V 形块的平面图，如图 1-12 所示。

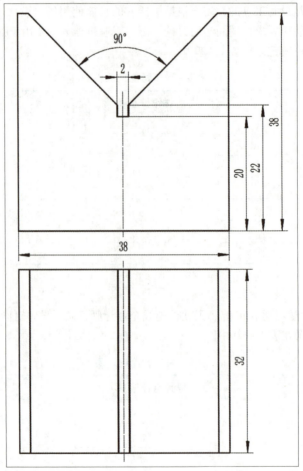

图 1-12　V 形块工程图

假设你是负责该项目的工程师，请利用 UG NX 12.0 软件完成 V 形块三维建模的创建，要求见表 1-32。

表 1-32　V 形块建模要求

| 序号 | 要求 |
| --- | --- |
| 1 | 三维模型每一个位置尺寸都应严格按照平面图要求执行 |
| 2 | 能够合理选择基准平面高效创建草图 |
| 3 | 能够合理选择"几何约束"高效创建草图 |
| 4 | 能够合理选择"几何约束"完全约束草图 |
| 5 | 建好的模型请同学们上传到超星网络教学平台中 |
| 6 | 请同学们根据超星平台中的 V 形块建模评分要求，进行相互评分 |

## 任务三　　工具模块立柱建模

### 任务简介

某企业接到了《工业机器人应用编程》1+X证书考核平台生产任务，现需要对工具架立柱进行生产加工，工具架立柱工程图如图1-13所示。

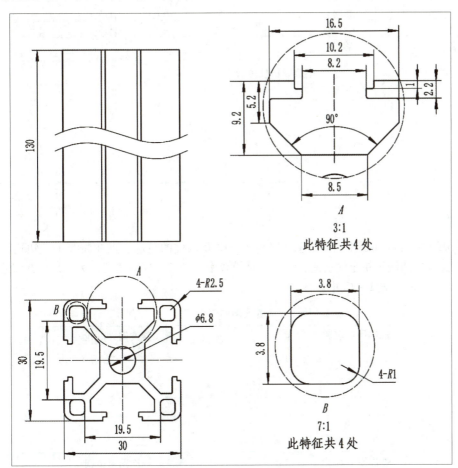

图1-13　工具架立柱工程图

假设你是负责该项目的工程师，请你利用UG NX 12.0软件完成工具架立柱三维模型创建，实训任务要求见表1-33。

表1-33　工具模块立柱建模要求

| 序号 | 要求 |
| --- | --- |
| 1 | 严格按照工具架立柱工程图所示尺寸创建三维模型 |
| 2 | 运用"阵列曲线"和"镜像曲线"高效建模 |
| 3 | 创建模型过程中，合理利用坐标系 |
| 4 | 建立好模型后，上传超星网络平台 |

项目一　工具模块建模　35

### 实训分组

实训任务分配表见表1-34。

表1-34 实训任务分配表

| 组长 | | 学号 | | 电话 | |
|---|---|---|---|---|---|
| 专业教师 | | | 企业导师 | | |
| 组员 | 姓名：_____ 姓名：_____ 姓名：_____ | 学号：_____ 学号：_____ 学号：_____ | | 姓名：_____ 姓名：_____ 姓名：_____ | 学号：_____ 学号：_____ 学号：_____ |
| 小组成员任务分工 | | | | | |
| | | | | | |

### 任务咨询

请同学们利用网络资源和图书资源，查阅 UG NX 12.0 软件的轮廓、点在曲线上、快速修剪、阵列曲线以及镜像曲线等指令的功能，掌握工具模块中工具架立柱的建模方法，并将查询的相关信息填写在表1-35～表1-37中。

表1-35 任务咨询网站信息

| 序号 | 查询网站名称 | 查询网站网址 |
|---|---|---|
| 1 | | |
| 2 | | |
| 3 | | |

表1-36 任务咨询图书信息

| 序号 | 查询图书名称 | 查询图书范围 |
|---|---|---|
| 1 | | |
| 2 | | |
| 3 | | |

表1-37 任务咨询信息整理

| 信息记录 |
|---|
| |
| |
| |
| |

**任务计划**

请同学们根据任务简介要求，结合任务咨询结果，制订一份关于工具模块中的工具架立柱模型创建计划书，并将相关信息填写在表 1-38 中。

表 1-38 工具架立柱模型创建计划书

| 任务名称 | |
|---|---|
| 任务流程图 | |
| 任务指令 | |
| 任务注意事项 | |

项目一 工具模块建模 37

工具模块中的工具架立柱模型创建步骤见表1-39。

表1-39 工具架立柱模型创建步骤

工具架立柱三维建模

| 序号 | 图片展示 | 说明 |
| --- | --- | --- |
| 1 | | 软件设置（1）：<br>单击①"文件"菜单，在展开的菜单中，将鼠标移动至②"实用工具"，在展开的级联菜单中单击③"用户默认设置"。 |
| 2 | | 软件设置（2）：<br>在弹出的窗口中，选择①"草图"中的②"常规"，在右侧的菜单栏将"草图样式"一栏中的"设计应用程序中的尺寸标签"修改为③"值"，其余保持默认。 |
| 3 | | 软件设置（3）：<br>选择①"草图"中的"自动判断约束和尺寸"，在右侧的菜单栏展开"尺寸"一栏，仅勾选②"为键入的值创建尺寸"，单击③"确定"按钮。完成软件设置后，需重启软件，设置才能生效。 |

续表

| 序号 | 图片展示 | 说明 |
|---|---|---|
| 4 | 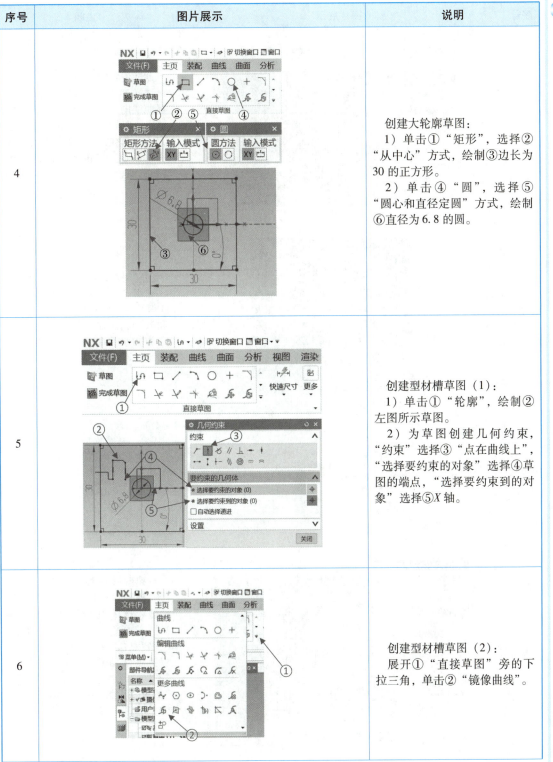 | 创建大轮廓草图：<br>1）单击①"矩形"，选择②"从中心"方式，绘制③边长为30的正方形。<br>2）单击④"圆"，选择⑤"圆心和直径定圆"方式，绘制⑥直径为6.8的圆。 |
| 5 | | 创建型材槽草图（1）：<br>1）单击①"轮廓"，绘制②左图所示草图。<br>2）为草图创建几何约束，"约束"选择③"点在曲线上"，"选择要约束的对象"选择④草图的端点，"选择要约束到的对象"选择⑤X轴。 |
| 6 | | 创建型材槽草图（2）：<br>展开①"直接草图"旁的下拉三角，单击②"镜像曲线"。 |

项目一　工具模块建模　39

续表

| 序号 | 图片展示 | 说明 |
|---|---|---|
| 7 |  | 创建型材槽草图（3）：<br>选择①"相连曲线"，确保选择曲线时一次性完成对曲线的选择。"选择曲线"选择②绘制完成的曲线，"选择中心线"选择③X轴，单击④"确定"按钮。 |
| 8 |  | 创建型材槽草图（4）：<br>利用"快速尺寸"分别添加①竖直方向的尺寸：8.2、10.2和16.5，添加②角度尺寸：90，添加③水平方向尺寸：1、2.2和5.2等。 |
| 9 |  | 创建型材槽草图（5）：<br>展开①"直接草图"旁的下拉菜单，单击②"阵列曲线"。 |
| 10 |  | 创建型材槽草图（6）：<br>选择①"相连曲线"，"选择曲线"选择②型材槽草图，"布局"选择③"圆形"，单击④"指定点"，在弹出的对话框中，保持默认值0，单击"确认"，"间距"选择⑤"数量和间隔"；"数量"设为⑥4，"节距角"设为⑦90°；单击⑧"确定"按钮。 |

续表

| 序号 | 图片展示 | 说明 |
|---|---|---|
| 11 | | 创建型材槽草图（7）：<br>单击①"快速修剪"，左键单击草图中多余部分，可对草图进行修剪，如左图所示。 |
| 12 | | 创建型材槽草图（8）：<br>1）单击①"圆角"，"圆角方法"选择②"修剪"，通过半径框输入③半径值0.3，用于确定圆角大小。单击圆角处的相邻两边即可创建圆角：每个型材的槽口处内侧圆角值设为④0.3，外侧圆角值设为⑤0.2；最外侧四个圆角值设为⑥2.5。<br>2）单击⑦"完成草图"，退出草图环境。 |

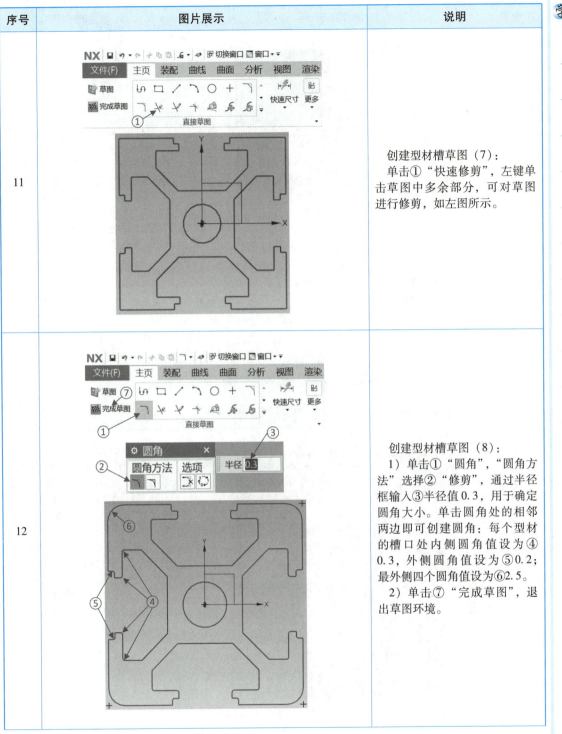

项目一　工具模块建模　41

| 序号 | 图片展示 | 说明 |
|---|---|---|
| 13 | | 型材主体创建（1）：<br>单击"拉伸"，在新窗口中，"选择曲线"选择①绘制完成的草图；"指定矢量"选择② "ZC"；"开始"选择"值"，对应的"距离"设为③0；"结束"选择"值"，对应的"距离"设为④130；单击⑤"确定"按钮。 |
| 14 | | 型材主体创建（2）：<br>1）选择 XY 平面创建草图，单击①"矩形"，选择"按2点"，创建②矩形，单击③"快速尺寸"，为矩形添加尺寸约束，如左图所示。<br>2）单击④"圆角"，圆角大小设为1，依次选取⑤矩形直角的相邻两边，即可完成倒角；重复上述步骤即可完成剩余直角的倒角，如左图所示。 |

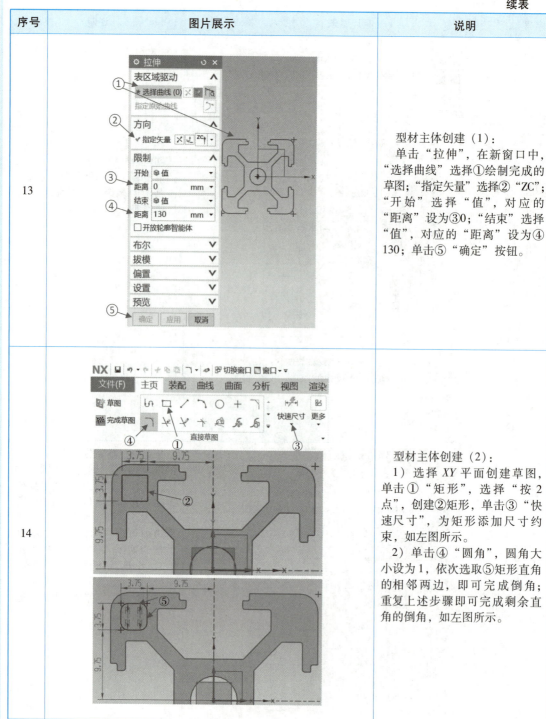

续表

| 序号 | 图片展示 | 说明 |
|---|---|---|
| 15 | 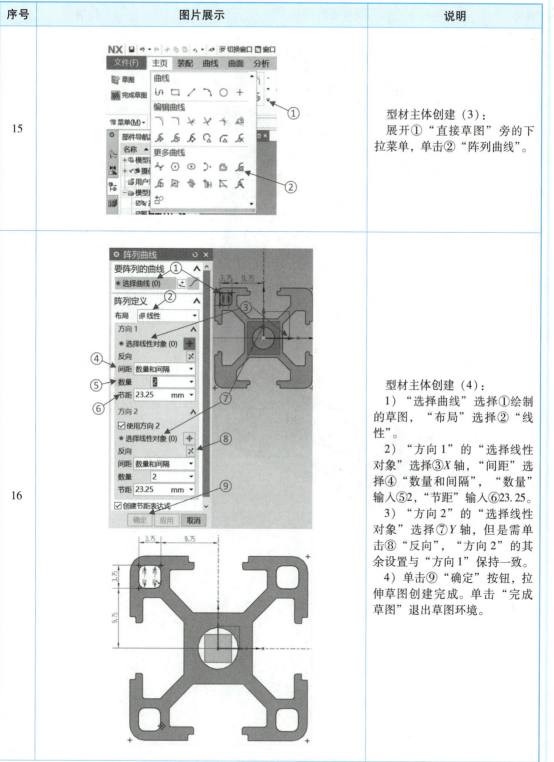 | 型材主体创建（3）：<br>展开①"直接草图"旁的下拉菜单，单击②"阵列曲线"。 |
| 16 |  | 型材主体创建（4）：<br>1）"选择曲线"选择①绘制的草图，"布局"选择②"线性"。<br>2）"方向1"的"选择线性对象"选择③X轴，"间距"选择④"数量和间隔"，"数量"输入⑤2，"节距"输入⑥23.25。<br>3）"方向2"的"选择线性对象"选择⑦Y轴，但是需单击⑧"反向"，"方向2"的其余设置与"方向1"保持一致。<br>4）单击⑨"确定"按钮，拉伸草图创建完成。单击"完成草图"退出草图环境。 |

项目一　工具模块建模　43

续表

| 序号 | 图片展示 | 说明 |
| --- | --- | --- |
| 17 | 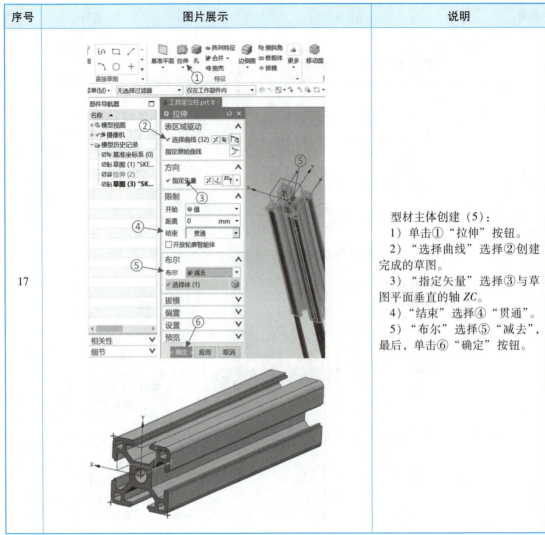 | 型材主体创建（5）：<br>1）单击①"拉伸"按钮。<br>2）"选择曲线"选择②创建完成的草图。<br>3）"指定矢量"选择③与草图平面垂直的轴 $ZC$。<br>4）"结束"选择④"贯通"。<br>5）"布尔"选择⑤"减去"，最后，单击⑥"确定"按钮。|

**任务实施**

请同学们根据任务计划阶段做的工具架立柱模型创建计划书,并结合操作步骤所展示的内容,利用 UG NX 12.0 三维建模软件完成工具架立柱模型的创建,并将建好的模型上传到超星网络教学平台。请将实训中出现的问题、解决办法及心得体会记录在表 1-40 中。

表 1-40 实训过程记录表

| | |
|---|---|
| 实训中出现的问题 | |
| 实训问题解决办法 | |
| 实训心得体会 | |

## 任务检查

完成建模任务之后，分别找两位同学（一位来自小组内，一位来自小组外）为你作品评分，同时，在超星平台中查看企业导师与专业教师的评分情况，并根据老师、导师以及同学的评分情况修订作品。工具架立柱模型评分表见表1-41。

表1-41 工具模块立柱建模评分表

| 姓名 | | 学号 | | 得分 | | | |
|---|---|---|---|---|---|---|---|
| 序号 | 检查内容及标准 | | 配分 | 组内评分 | 组外评分 | 导师评分 | 教师评分 |
| 1 | 创建模型文件正确得10分 | | 10 | | | | |
| 2 | 创建型材槽正确一处得5分，共20分 | | 20 | | | | |
| 3 | 创建矩形孔正确一处得5分，共20分 | | 20 | | | | |
| 4 | 创建立柱圆孔正确得10分 | | 10 | | | | |
| 5 | 工具架立柱模型尺寸正确得15分 | | 15 | | | | |
| 6 | 工具架立柱倒角正确得5分 | | 5 | | | | |
| 7 | 按时完成模型创建正确得5分 | | 5 | | | | |
| 8 | 实训过程中未违反课题规章制度得2分 | | 2 | | | | |
| 9 | 按照实训设备使用规程操作设备得5分 | | 5 | | | | |
| 10 | 按时参加学习，无迟到、早退得3分 | | 3 | | | | |
| 11 | 实训过程中能主动帮助同学得5分 | | 5 | | | | |
| | 合计总分 | | 100 | | | | |
| 评分评语 | | | | | | | |
| 评分人员签字 | | | | | | | |

注意：本项目组内评分占20%，组外评分占20%，企业导师评分占30%，专业课教师评分占30%。

## 思政沙龙

### 1. 活动讨论

工具架立柱属于型材，这类零件在设备中的功能多是承重和支撑，就如同我们作为当代大学生，应承担起中华民族伟大复兴的使命，请同学们根据自己情况并结合我国工业发展现状，讨论一下在祖国的发展建设中，我们应该扮演什么角色，怎么为祖国的建设贡献我们自己的力量，将讨论信息记录在表1-42中。

表1-42  讨论记录表

| 讨论信息 |
|---|
|  |
|  |
|  |
|  |
|  |
|  |
|  |

### 2. 导师点评

利用QQ、微信、学习通APP等聊天软件连线企业导师，倾听导师对同学完成该项目情况的点评，将点评信息记录在表1-43中。

表1-43  导师点评记录表

| 导师点评信息 |
|---|
|  |
|  |
|  |
|  |
|  |
|  |

### 3. 教师点评

请同学们将专业教师的点评信息记录在表1-44中。

表1-44  教师点评记录表

| 教师点评信息 |
|---|
|  |
|  |
|  |
|  |
|  |
|  |

项目一  工具模块建模

### 任务拓展

在自动化领域用于支撑的零部件较多，常用的有型材、光轴和六角形支柱等，某六角形支柱结构如图1-14所示。

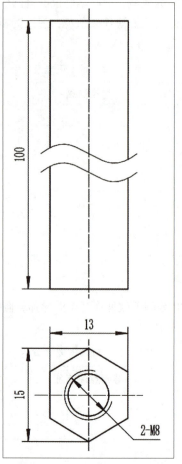

图1-14 六角形支柱工程图

假设你是负责该项目的工程师，请利用UG NX 12.0三维建模软件完成六角形支柱的三维模型创建，其要求见表1-45。

表1-45 六角形支柱建模要求

| 序号 | 要求 |
| --- | --- |
| 1 | 三维模型每一个位置尺寸都应严格按照平面图要求执行 |
| 2 | 合理借助外接圆创建六角形支柱的截面草图 |
| 3 | 利用"阵列曲线"创建六角形支柱的截面草图 |
| 4 | 六角形支柱两端面是螺纹孔 |
| 5 | 建好的模型请同学们上传到超星网络教学平台中 |
| 6 | 请同学们根据超星平台中的六角形支柱建模评分要求，进行相互评分 |

## 任务四　工具模块顶板建模

### 任务简介

某企业接到了《工业机器人应用编程》1+X证书考核平台生产任务,现需要对工具架顶板进行生产加工,为了保证加工质量,满足客户要求,该企业现需对工具架顶板进行建模分析,工具架顶板工程图如图1-15所示。

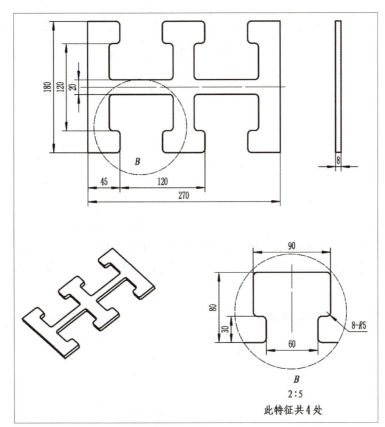

图1-15　工具架顶板工程图

假设你是负责该项目的工程师,请你利用UG NX 12.0软件完成工具架顶板三维模型创建,实训任务要求见表1-46。

表1-46　工具架顶板建模要求

| 序号 | 要求 |
| --- | --- |
| 1 | 三维模型每一个位置尺寸都应严格按照平面图要求执行 |
| 2 | 必须使用"阵列曲线""镜像曲线"创建草图 |
| 3 | 必须使用"角焊"创建草图中的圆角 |
| 4 | 必须使用"快速修剪"对多余的草图进行修剪 |
| 5 | 先在草图中将零件的轮廓绘制完成后,再拉伸创建实体 |

项目一　工具模块建模　49

**实训分组**

实训任务分配表见表1-47。

表1-47　实训任务分配表

| 组长 | | 学号 | | 电话 | |
|---|---|---|---|---|---|
| 专业教师 | | | 企业导师 | | |
| 组员 | 姓名：_____  姓名：_____  姓名：_____ | 学号：_____  学号：_____  学号：_____ | 姓名：_____  姓名：_____  姓名：_____ | 学号：_____  学号：_____  学号：_____ | |
| 小组成员任务分工 | | | | | |
| | | | | | |

**任务咨询**

请同学们利用网络资源和图书资源，查阅阵列曲线和镜像曲线等指令的使用方法，掌握工具模块中工具架顶板的建模流程，并将查询的相关信息填写在表1-48～表1-50中。

表1-48　任务咨询网站信息

| 序号 | 查询网站名称 | 查询网站网址 |
|---|---|---|
| 1 | | |
| 2 | | |
| 3 | | |

表1-49　任务咨询图书信息

| 序号 | 查询图书名称 | 查询图书范围 |
|---|---|---|
| 1 | | |
| 2 | | |
| 3 | | |

表1-50　任务咨询信息整理

| 信息记录 |
|---|
| |
| |
| |
| |

请同学们根据任务简介要求，结合任务咨询结果，制订一份关于工具模块中的工具架顶板模型创建计划书，并将相关信息填写在表 1-51 中。

表 1-51　工具架顶板模型创建计划书

| 任务名称 | |
|---|---|
| 任务流程图 | |
| 任务指令 | |
| 任务注意事项 | |

项目一　工具模块建模　51

## 操作步骤

工具模块中的工具架顶板模型创建步骤见表 1–52。

表 1–52　工具架顶板三维模型创建步骤

| 序号 | 图片展示 | 说明 |
| --- | --- | --- |
| 1 | 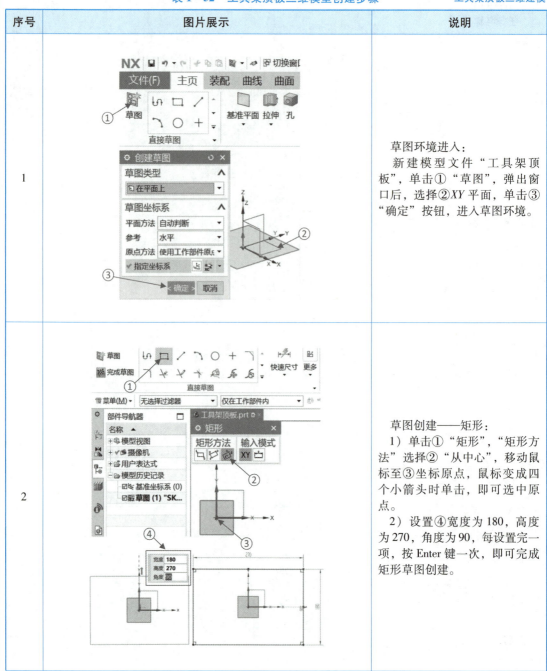 | 草图环境进入：<br>新建模型文件"工具架顶板"，单击①"草图"，弹出窗口后，选择②XY 平面，单击③"确定"按钮，进入草图环境。 |
| 2 | | 草图创建——矩形：<br>1）单击①"矩形"，"矩形方法"选择②"从中心"，移动鼠标至③坐标原点，鼠标变成四个小箭头时单击，即可选中原点。<br>2）设置④宽度为 180，高度为 270，角度为 90，每设置完一项，按 Enter 键一次，即可完成矩形草图创建。 |

续表

| 序号 | 图片展示 | 说明 |
|---|---|---|
| 3 | 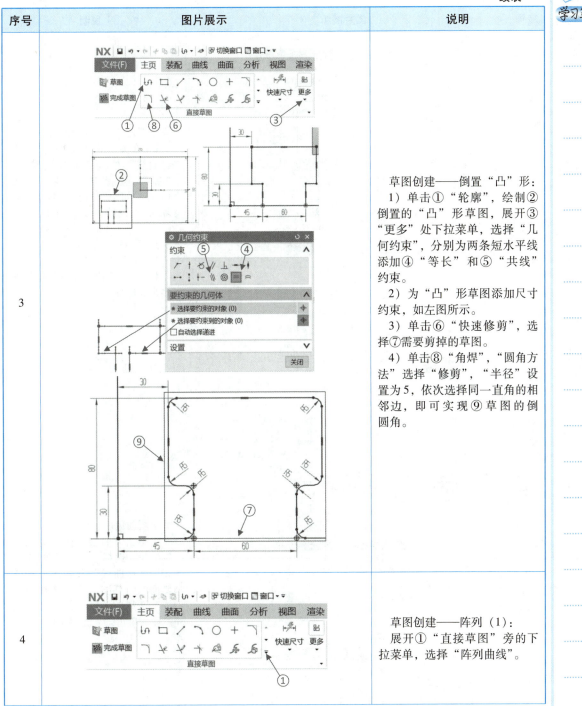 | 草图创建——倒置"凸"形：<br>1）单击①"轮廓"，绘制②倒置的"凸"形草图，展开③"更多"处下拉菜单，选择"几何约束"，分别为两条短水平线添加④"等长"和⑤"共线"约束。<br>2）为"凸"形草图添加尺寸约束，如左图所示。<br>3）单击⑥"快速修剪"，选择⑦需要剪掉的草图。<br>4）单击⑧"角焊"，"圆角方法"选择"修剪"，"半径"设置为5，依次选择同一直角的相邻边，即可实现⑨草图的倒圆角。 |
| 4 |  | 草图创建——阵列（1）：<br>展开①"直接草图"旁的下拉菜单，选择"阵列曲线"。 |

项目一 工具模块建模 53

续表

| 序号 | 图片展示 | 说明 |
|---|---|---|
| 5 | 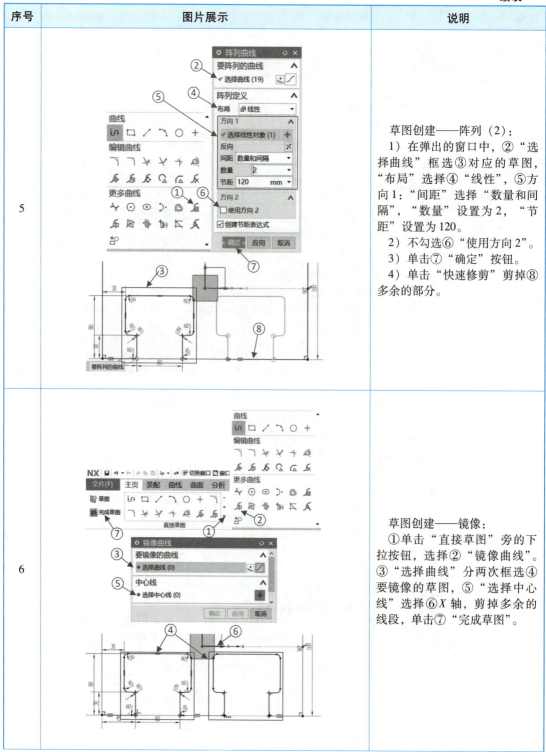 | 草图创建——阵列（2）：<br>1）在弹出的窗口中，②"选择曲线"框选③对应的草图，"布局"选择④"线性"，⑤方向1："间距"选择"数量和间隔"，"数量"设置为2，"节距"设置为120。<br>2）不勾选⑥"使用方向2"。<br>3）单击⑦"确定"按钮。<br>4）单击"快速修剪"剪掉⑧多余的部分。 |
| 6 |  | 草图创建——镜像：<br>①单击"直接草图"旁的下拉按钮，选择②"镜像曲线"。③"选择曲线"分两次框选④要镜像的草图，⑤"选择中心线"选择⑥X轴，剪掉多余的线段，单击⑦"完成草图"。 |

续表

| 序号 | 图片展示 | 说明 |
|---|---|---|
| 7 | 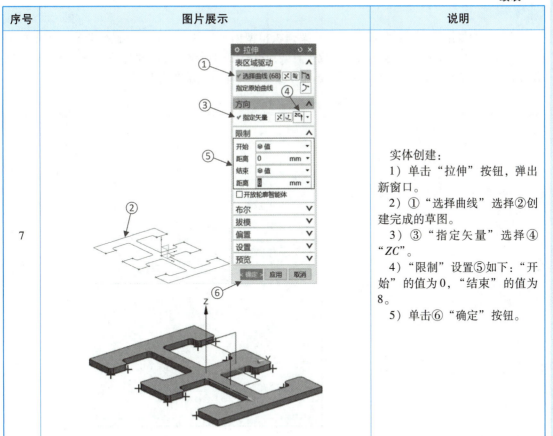 | 实体创建：<br>1）单击"拉伸"按钮，弹出新窗口。<br>2）①"选择曲线"选择②创建完成的草图。<br>3）③"指定矢量"选择④"ZC"。<br>4）"限制"设置⑤如下："开始"的值为0，"结束"的值为8。<br>5）单击⑥"确定"按钮。 |

注意事项：

1. 阵列曲线

1）曲线链阵列成单行或单列时，仅需设置"方向1"的相关参数，同时取消勾选"使用方向2"；曲线链需要阵列成几行几列时，需要勾选"使用方向2"，同时对方向1和方向2设置相关参数。

2）阵列的"布局"方式有"线性"和"圆形"两种。"线性"方式多用于处理板类零件的行列阵列，"圆形"方式多用于处理盘类或轴类零件的圆周阵列。

2. 镜像曲线

对于对称零件，创建草图时，要合理规划，尽量让零件关于基准坐标系的坐标轴对称，"选择中心线"可直接选取该坐标轴。

项目一　工具模块建模　55

**任务实施**

请同学们根据任务计划阶段做的工具架顶板模型创建计划书,并结合操作步骤所展示的内容,利用 UG NX 12.0 三维建模软件完成工具架顶板模型的创建,并将建好的模型上传到超星网络教学平台。请将实训中出现的问题、解决办法及心得体会记录在表 1-53 中。

表 1-53 实训过程记录表

| | |
|---|---|
| 实训中出现的问题 | |
| 实训问题解决办法 | |
| 实训心得体会 | |

## 任务检查

完成建模任务之后,请分别找两位同学(一位来自小组内,一位来自小组外)为你作品评分,同时,在超星平台中查看企业导师与专业教师的评分情况,并根据老师、导师以及同学的评分情况修订作品。工具架顶板建模评分表见表1–54。

表1–54 工具架顶板建模评分表

| 姓名 | | 学号 | | | 得分 | | |
|---|---|---|---|---|---|---|---|
| 序号 | 检查内容及标准 | | 配分 | 组内评分 | 组外评分 | 导师评分 | 教师评分 |
| 1 | 创建模型文件正确得10分 | | 10 | | | | |
| 2 | 创建倒置"凸"形草图正确得10分 | | 10 | | | | |
| 3 | 使用"阵列曲线"创建相同草图得10分 | | 20 | | | | |
| 4 | 使用"镜像曲线"创建相同草图得10分 | | 20 | | | | |
| 5 | 创建的草图关于坐标轴对称得10分 | | 10 | | | | |
| 6 | 创建的草图尺寸正确得10分 | | 10 | | | | |
| 7 | 创建的草图完成相应倒圆角得5分 | | 5 | | | | |
| 8 | 实训过程中未违反课题规章制度得2分 | | 2 | | | | |
| 9 | 按照实训设备使用规程操作设备得5分 | | 5 | | | | |
| 10 | 按时参加学习,无迟到、早退得3分 | | 3 | | | | |
| 11 | 实训过程中能主动帮助同学得5分 | | 5 | | | | |
| | 合计总分 | | 100 | | | | |
| 评分评语 | | | | | | | |
| 评分人员签字 | | | | | | | |

注意:本项目组内评分占20%,组外评分占20%,企业导师评分占30%,专业课教师评分占30%。

项目一 工具模块建模

## 思政沙龙

### 1. 活动讨论

对称图形在建模过程中，多使用"阵列曲线"和"镜像曲线"这些指令来快速创建，能够有效提升建模效率，就如同在工作和学习中，同学们要学会举一反三，不仅要有质量意识，而且要有效率意识，请同学们讨论工作中在保证质量的前提下如何提高效率，效率对企业生产的有什么意义，并将讨论信息记录在表1-55中。

表1-55 讨论记录表

| 讨论信息 |
| --- |
|  |
|  |
|  |
|  |
|  |
|  |
|  |

### 2. 导师点评

利用QQ、微信、学习通APP等聊天软件连线企业导师，倾听导师对同学完成该项目情况的点评，将点评信息记录在表1-56中。

表1-56 导师点评记录表

| 导师点评信息 |
| --- |
|  |
|  |
|  |
|  |
|  |

### 3. 教师点评

请同学们将专业教师的点评信息记录在表1-57中。

表1-57 教师点评记录表

| 教师点评信息 |
| --- |
|  |
|  |
|  |
|  |
|  |
|  |

## 任务拓展

在自动化领域用于调整设备的零部件较多,常用的有调整螺丝组件、X轴简易调整组件、XY轴简易调整组件、标准垫片等,某调整垫片工程图如图1-16所示。

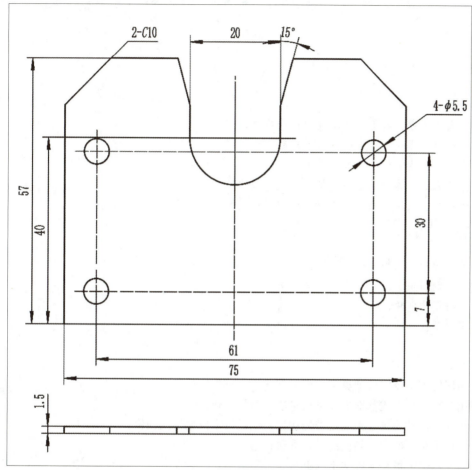

图1-16 调整垫片工程图

假设你是一名机械设计工程师,请利用UG NX 12.0三维建模软件完成调整垫片的三维模型的创建,其要求见表1-58。

表1-58 调整垫片建模要求

| 序号 | 要求 |
| --- | --- |
| 1 | 三维模型每一个位置尺寸都应严格按照平面图要求执行 |
| 2 | 创建草图时,必须使草图关于某坐标轴平面对称 |
| 3 | 必须使用"设为对称"约束草图 |
| 4 | 必须使用"拉伸"创建实体 |
| 5 | 建好的模型请同学们上传到超星网络教学平台中 |
| 6 | 请同学们根据超星平台中的调整垫片建模评分要求,进行相互评分 |

# 项目二　皮带传送模块建模

### 德育目标

1. 培养学生勤于思考、敢于反思改进的良好习惯；
2. 培养学生规范的职业技能和严谨的工作态度；
3. 培养学生善于表达、乐于倾听和互帮互助的团队协作精神；
4. 培养学生树立良好的职业道德、尊重他人劳动的良好品质；
5. 培养学生持续、专注的品质和精益求精的职业道德。

### 知识目标

1. 掌握拉伸、旋转、孔等指令的应用；
2. 掌握键槽、倒圆角、倒斜角等指令的应用；
3. 掌握基准特征的创建；
4. 掌握文本编制指令的应用。

### 技能目标

1. 能够使用回转等指令完成轴类零件模型创建；
2. 能够使用基准特征完成基准坐标系和基准平面的创建；
3. 能够使用孔、键槽等指令完成皮带传送轴、电动机定位架特征创建；
4. 能够掌握皮带张紧架零件颜色的设置方法；
5. 能够利用文本编辑指令完成文字的书写。

### 知识链接

## 1　基准特征

在使用 UG NX 12.0 进行建模、装配的过程中，经常需要使用基准特征。UG NX 12.0 常用的基准特征有"基准平面""基准轴""基准 CSYS"和"点"等工具，这些工具不直接构建模型，但起到重要的辅助作用。

### 1.1　基准平面

基准平面也称为基准面，是用户在创建特征时的一个参考面，同时也是一个载体。如果在创建一般的特征时，模型上没有合适的平面，用户可以创建基准平面作为特征截面的草图平面或参照平面，也可以根据一个基准平面进行标注。

单击"主页"选项卡中"特征"面组中的"基准平面"按钮，系统弹出如图 2-1 所示的"基准平面"对话框，其中提供了 15 种创建基准平面的方法，介绍如下。

图 2-1 "基准平面"对话框

（1）自动判断　根据选择的集合对象不同，自动判断一种方法定义平面。

（2）按某一距离　与所选择的平面平行，并可输入某一距离生成平面。

（3）成一角度　某一平面以一条直线或基准轴为旋转轴，旋转一定角度生成一个平面。

（4）二等分　通过选择两个平行的平面生成新平面，生成的平面在两个平面中间。

（5）曲线和点　首先选择一条曲线，然后选择一个点，则系统构造一个通过指定点并垂直于指定曲线的平面。

（6）两直线　依次选择两条直线来构造一个平面。如果这两条直线互相平行，则所构造的平面通过这两条直线；如果这两条直线垂直，则通过第一条直线，垂直于第二条直线。

（7）相切　与依次指定的两个表面相切构造一个平面，如果与指定的两个表面相切的平面不止一个，则系统会显示所有可能平面的法向矢量，用户还需要进一步选择合适的法向矢量。若依次指定一个表面和一个点，则新构造的平面通过指定点并与指定表面相切。

（8）通过对象　指定一条空间曲线，则系统构造一个通过该曲线的平面。选择一条直线，则系统会自动捕捉到直线的端点，在该端点处生成一个与直线垂直的平面。选择一个平面，则在该平面上生成一个平面。

（9）点和方向　先选择一个点，新创建的平面通过该点，再选择一条直线或基准轴，新创建的平面垂直于该直线或基准轴。

（10）曲线上　选择一条曲线上的点，点的位置可以通过百分比和长度进行设置，在该点处生成一个与曲线垂直的平面。

（11）YC-ZC 平面　利用当前工作坐标系的 YC-ZC 平面构造一个新平面，并可通过"距离"文本框设置偏置值。

（12）XC-ZC 平面　利用当前工作坐标系的 XC-ZC 平面构造一个新平面，并可通过"距离"文本框设置偏置值。

（13）XC-YC 平面　利用当前工作坐标系的 XC-YC 平面构造一个新平面，并可通过"距离"文本框设置偏置值。

（14）视图平面　创建平行于视图平面并穿过绝对坐标系（ACS）原点的固定基准平面。

（15）按系数　利用平面方程 $AX+BY+CZ=D$（$A$、$B$、$C$、$D$ 为系数）来构造一个平面。在各系数对应的文本框中输入数值，单击"确定"按钮。如果输入的系数可以确定一个平面，则弹出"点"对话框，要求用户指定一个点来确定平面的显示位置（由指定点向光标所有视图投影的射线与新建平面的交点即为显示位置）；如果输入的系数不能确定一个平面，则系统显示出错信息。

### 1.2　基准轴

基准轴可以是相对的，也可以是固定的。以创建基准轴为参考对象，可以创建其他对象，如基准平面、旋转体或拉伸特征等。

单击"主页"选项卡中"特征"面组中的"基准轴"按钮，系统弹出如图 2-2 所示的"基准轴"对话框。其中提供了 9 种创建基准轴的方法，介绍如下。

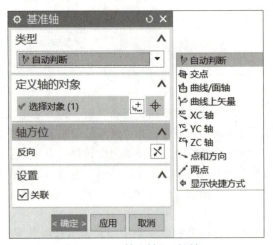

图 2-2　"基准轴"对话框

（1）自动判断　根据选择的集合对象不同，自动推测一种方法定义一个基准轴，推测的方法可能是表面法线、曲线切线、平面法线。

（2）交点　通过两个平面相交，在相交处产出一条基准轴。

（3）曲线/面轴　创建一个起点在选择曲线上的基准轴。

（4）曲线上矢量　以曲线某一点位置上的切向矢量构造的基准轴。当在"类型"下拉列表中选择"曲线上矢量"时，在"曲线上的位置"选项组中有"位置"下拉列表框和"弧长"文本框，在该对话框中，可以通过曲线长度的百分比和曲线长度来确定基准轴原点在曲线上的位置。

（5）XC 轴　构造与坐标系 $X$ 轴平行的基准轴。

（6）YC 轴　构造与坐标系 $Y$ 轴平行的基准轴。

（7）ZC 轴　构造与坐标系 $Z$ 轴平行的基准轴。

（8）点和方向　通过定义一个点和一个矢量方向来创建基准轴。通过曲线、边或曲面上的一点，可以创建一条平行于线性几何体、基准轴、面轴或垂直于一个曲面的基准轴。

（9）两点　选择空间两个点来创建一个基准轴，其方向由第一点指向第二点。当在"类型"下拉列表中选择"两点"时，可以在"通过点"选项组中指定出发点和目标点。

## 1.3 基准坐标系

基准坐标系工具用来创建基准坐标系。选择"菜单"→"插入"→"基准/点"→"基准坐标系"命令,或单击"主页"选项卡中"特征"面组中"基准/点"下拉菜单中的"基准坐标系"按钮,系统弹出如图 2-3 所示的"基准坐标系"对话框。其中提供了 12 种创建基准坐标系的方法,介绍如下。

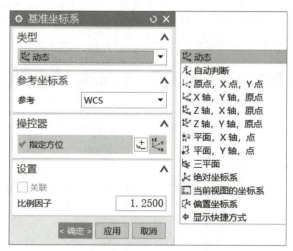

图 2-3 "基准坐标系"对话框

(1) 动态　可以动态操作基准坐标系的位置和方位。

(2) 自动判断　根据选择的几何对象不同,自动判断一种方法定义一个坐标系。

(3) 原点,$X$ 点,$Y$ 点　依次指定三个点。第一个点作为坐标系的原点,从第一点到第二点的矢量作为坐标系的 $X$ 轴,第一点到第三点的矢量作为坐标系的 $Y$ 轴。

(4) $X$ 轴,$Y$ 轴,原点　依次指定第一条直线和第二条直线。把构造的点作为坐标系的原点,通过原点与第一条直线平行的矢量作为坐标系的 $X$ 轴,通过原点与 $X$ 轴垂直并且与指定两条直线确定的平面相平行的直线作为 $Y$ 轴。

(5) $Z$ 轴,$X$ 轴,原点　依次指定一条直线和一个点。把指定的直线作为 $Z$ 轴,通过指定点与指定直线相垂直的直线作为坐标系的 $X$ 轴,两轴交点作为坐标系的原点。

(6) $Z$ 轴,$Y$ 轴,原点　依次指定一条直线和一个点。把指定的直线作为 $Z$ 轴,通过指定点与指定直线相垂直的直线作为坐标系的 $Y$ 轴,两轴交点作为坐标系的原点。

(7) 平面,$X$ 轴,点　首先指定一个平面,坐标原点和 $X$ 轴都在该平面内;然后指定一个矢量,为 $X$ 轴;最后指定一个点,如果点在指定的平面内,该点即为坐标系的原点,如果在指定的平面外,则该点垂直投影在指定平面上的位置为坐标系的原点位置。

(8) 平面,$Y$ 轴,点　首先指定一个平面,坐标原点和 $Y$ 轴都在该平面内;然后指定一个矢量,为 $Y$ 轴;最后指定一个点,如果点在指定的平面内,该点即为坐标系的原点,如果在指定的平面外,则该点垂直投影在指定平面上的位置为坐标系的原点位置。

(9) 三平面　依次选择三个平面,把三个平面的交点作为新坐标系的原点。第一个平面的法向量作为新坐标系的 $X$ 轴,第一个平面与第二个平面的交线作为新坐标系的 $Z$ 轴。

(10) 绝对坐标系　构造一个与绝对坐标系重合的基准坐标系。

(11) 当前视图的坐标系　以当前视图中心为新坐标系的原点。图形窗口水平向右方向为新坐标系的 $X$ 轴,图形窗口竖直向上方向为新坐标系的 $Y$ 轴。

（12）偏置坐标系　首先指定一个已经存在的坐标系，然后在文本框中输入三坐标方向偏置（$X$-增量、$Y$-增量和$Z$-增量），以此确定新坐标系的原点。

### 1.4 基准点

基准点用来为网格生成加载点、在绘制图中连接基准目标和注释、创建坐标系及管道特征轨迹，也可以在基准点处放置轴、基准平面、孔和轴肩。

无论是创建点，还是创建曲线，甚至是创建曲面，都需要使用点构造器。单击"主页"选项卡中"特征"面组中"基准/点"下拉菜单中的"点"按钮，系统弹出如图2-4所示的"点"对话框。点构造器中提供的创建点的方法介绍如下。

图2-4　"点"对话框

（1）自动判断的点　根据光标点所处位置自动判断所要选择的点。所采用的点捕捉方式有光标位置、现有点、端点、控制点、交点、中心点、角度和象限点。该方法在单选对象时特别方便，但在同一位置存在多个点的情况下较难控制。

（2）光标位置　在光标位置指定一个点。用光标位置定点时，所确定的点位于坐标系的工作平面（$XC$-$YC$）内，即$Z$的坐标值为0。

（3）现有点　在某个存在点上构造点，或通过选择某个存在点规定一个新点的位置。

（4）端点　在已存在直线、圆弧、二次曲线或其他曲线的端点位置指定一个点的位置。使用该方法指定点时，根据选择对象的位置不同，所取的端点位置也不一样，取靠近选择位置端的端点。

（5）控制点　在曲线的控制点上构造一个或规定新点的位置。控制点与曲线的类型有关，可以是直线的中点或端点，开口圆弧的端点、中点或中心点，二次曲线的端点和样条曲线的定义点或控制点等。

（6）交点　在两端曲线的交点上、一条曲线和一个曲面或一个平面的交点上创建一个点或规定新点的位置。若两者的交点多于一个，则系统在最靠近第二个对象处创建一个点或规定新点的位置；若两端平面曲线并未实际相交，则系统会选择两者延长线上的相交点；若选择的两段空间曲线并未实际相交，则系统在最靠近第一个对象创建一个点或规定新点的位置。

（7）圆弧中心/椭圆中心/球心　在所选择圆弧、椭圆或球的中心创建一个点或规定新点的位置。

（8）圆弧/椭圆上的角度　在与坐标轴 $XC$ 正向成一角度（沿逆时针方向）的圆弧/椭圆上构造一个点或规定新点的位置。

（9）象限点　在圆弧或椭圆弧的四分点处创建一个点或规定新点的位置，所选择的四分点是离光标选择球最近的四分点。

（10）曲线/边上的点　在离光标最近的曲线/边缘上构造一个点或规定新点的位置。

（11）面上的点　在离光标最近的曲面/表面上构造一个点或规定新点的位置。

（12）两点之间　选择两个点，在两点中间构造一个点或规定新点的位置。

## 2　布尔运算

布尔运算是对已经存在的两个或多个实体进行合并、减去或相交的一种操作手段，它经常用于合并实体、修剪实体，或者获取实体交叉部分的情况。

布尔运算的一般使用方法为：首先，选取目标体，目标体是被执行布尔运算的实体，目标体只有一个；其次，按照系统要求选取工具体，工具体是在目标体上执行操作的实体，工具体可以有多个；最后，应用并显示操作结果。

### 2.1　合并

合并操作是将两个或多个实体组合成一个实体，它的使用方法与 AutoCAD 中的"并集"工具命令相似，同时还可以设置是否保留选取的工具体和目标体。

单击"特征"面组中的"合并"按钮，或选择"菜单"→"插入"→"组合"→"合并"命令，系统弹出如图 2-5 所示的"合并"对话框。依次选取目标体和工具体，然后单击"确定"或"应用"按钮。对话框中有"保存目标"和"保存工具"两个复选项，"保存目标"复选项用于完成合并运算后将目标体保存，"保存工具"复选框用于完成合并运算后将工具体保存。

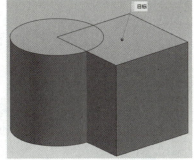
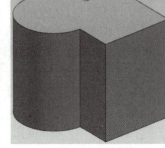

图 2-5　"合并"对话框

项目二　皮带传送模块建模　65

## 2.2 减去

减去是将工具体从目标体中去除的一种操作方式,它适用于实体和片体两种类型,同样也可以设置是否保留选取的目标体和工具体。

单击"特征"面组中的"减去"按钮,或选择"菜单"→"插入"→"组合"→"减去"命令,系统弹出如图 2-6 所示的"求差"对话框。如果想保留原目标体或工具体,可以分别选中"保存目标"和"保存工具"复选框,减去的操作与合并操作基本一致。

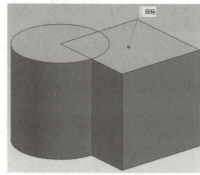
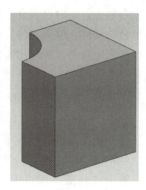

图 2-6 "求差"对话框

## 2.3 相交

相交操作是使用目标体和所选工具体之间的公共部分,使之成为一个新的实体过程,其公共部分即是进行操作时两个体相交的部分。它与减去操作正好相反,得到的是去除材料的那一部分实体。

单击"特征"面组中的"相交"按钮,或选择"菜单"→"插入"→"组合"→"相交"命令,系统弹出如图 2-7 所示的"相交"对话框。依次选取目标体和工具体进行相交操作。

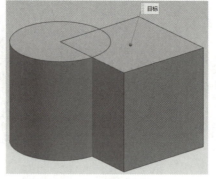
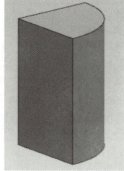

图 2-7 "相交"对话框

## 3 拉伸特征

拉伸特征是指将截面轮廓草图通过拉伸生成实体或片体。其草图截面可以是封闭的，也可以是不封闭的，可以由一个或者多个封闭环组成，封闭环之间不能相交，但封闭环之间可以嵌套，如果存在嵌套的封闭环，在生成添加材料的拉伸特征时，系统自动将里面的封闭环拉伸成孔特征。

单击"主页"选项卡"特征"面组中的"拉伸"按钮，或选择"菜单"→"插入"→"设计特征"→"拉伸"命令，系统弹出如图2-8所示的"拉伸"对话框。

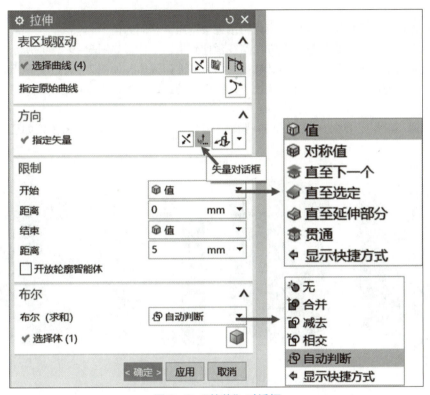

图2-8 "拉伸"对话框

### 3.1 "截面线"选项组

"拉伸"对话框中的"表区域驱动"选项组中有"绘制截面"和"曲线"两种方式的拉伸操作。利用前一种方法进行实体拉伸时，需要先绘制出曲线，并且所生成的实体不是参数化的数字模型，在对其进行修改时，只能修改拉伸参数，不能修改二维截面。利用后一种方法进行实体拉伸时，系统将进入草图工作界面，根据需要创建草图后切换至拉伸操作，此时即可进行相应的拉伸操作。利用该拉伸方法创建的实体模型是参数化的数字模型，不仅可以修改其拉伸参数，还可以修改二维截面参数。

如果选择的拉伸对象不封闭，拉伸操作将生成片体；如果拉伸对象是封闭曲线，将生成实体。

### 3.2 "方向"选项组

对话框中的"方向"选项组用于指定拉伸的方向，默认方向是垂直于选择截面的方向。可以用曲线、边缘或任一标准矢量方法来指定拉伸方向。例如，可以在下拉列表中选择拉伸方向，也可以单击"矢量对话框"按钮，系统弹出"矢量"对话框，然后指定拉伸方向。"反向"按钮用于改变拉伸方向，还可以通过单击鼠标右键，在弹出的快捷菜单中选择命令来更改方向。

### 3.3 "限制"选项组

对话框中的"限制"选项组用于定义拉伸特征的整体构造方法和拉伸范围，"开始"和"结束"选项的下拉列表中均提供了以下选项。

（1）值　指定拉伸起始或结束的值。值是数字类型的，在截面上方的值为正，在截面下方的值为负。

（2）对称值　将开始限制距离转换为与结束限制距离相同的值。

（3）直至下一个　将拉伸特征沿方向路径延伸到下一个体，如图2-9（a）所示。

（4）直至选定　将拉伸特征延伸到选择的面、基准面或体，如图2-9（b）所示。

（5）直至延伸部分　当截面延伸超过所选择面上的边时，将拉伸特征修剪到该面，如图2-9（c）所示。

（6）贯通　沿指定方向的路径拉伸特征，使其完全贯通所有的可选体，如图2-9（d）所示。

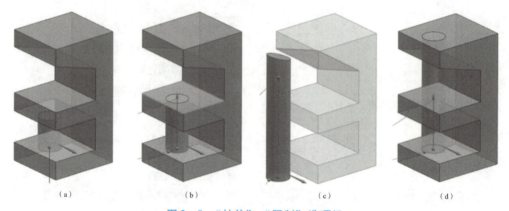

图2-9　"拉伸"→"限制"选项组
(a) 直至下一个；(b) 直至选定；(c) 直至延伸部分；(d) 贯通

### 3.4 "布尔"选项组

选择"布尔"操作命令，以设置拉伸体与原有实体之间的关系，有"无""合并""减去""相交"和"自动判断"5种方式。

## 4　旋转特征

旋转操作是指将草图截面或曲线等二维对象，绕所指定的旋转轴线旋转一定的角度而形成实体模型的过程。

单击"主页"选项卡"特征"面组中的"旋转"按钮，或选择"菜单"→"插入"→"设计特征"→"旋转"命令，系统弹出如图2-10所示的"旋转"对话框。该对话框与"拉伸"对话框非常相似，功能也基本一样；不同之处在于，当利用"旋转"工具命令进行实体操作时，所指定的矢量是该对象的旋转中心，所设置的旋转参数是旋转的开始角和结束角。

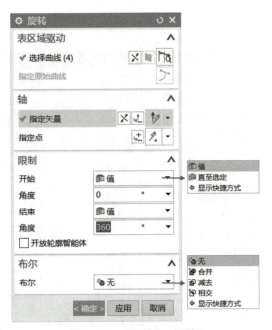

图 2-10 "旋转"对话框

## 5 文本

使用"文本"命令可根据本地 Windows 字体库中的 TrueType 字体生成 NX 曲线。无论何时需要文本，都可以将此功能作为部件模型中的一个设计元素使用。

单击"曲线"面组上的"文本"按钮 A，或选择"菜单"→"插入"→"曲线"→"文本"命令，系统弹出如图 2-11 所示的"文本"对话框。

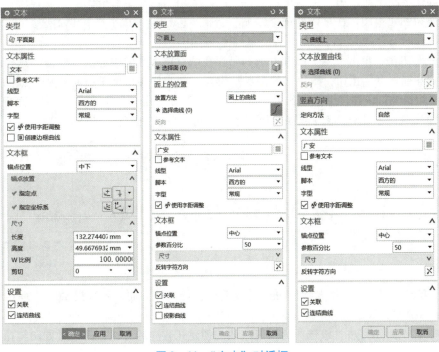

图 2-11 "文本"对话框

项目二 皮带传送模块建模　69

## 6 孔

通过"孔"命令可以在部件或装配中添加常规孔、钻形孔、螺钉间隙孔、螺纹孔及孔系列。单击"特征"面组的"孔"按钮，或选择"菜单"→"插入"→"设计特征"→"孔"命令，系统弹出如图 2-12 所示的"孔"对话框，该对话框中主要选项的含义介绍如下。

（1）"类型"选项组 该选项组用于设置孔特征的类型，包括"常规孔"（简单、沉头、埋头或锥形状）、"钻形孔""螺钉间隙孔"（简单、沉头或埋头形状）、"螺纹孔""孔系列"（部件或装配中一系列多形状、多目标体、对齐的孔）选项。完成孔的类型设置后，一般还要定义孔的放置位置、孔的方向、形状和尺寸（或规格）等，以完成孔的创建。

（2）"位置"选项组 该选项组用于设置孔特征的放置位置，系统提供了"绘制截面"和"点"两种方法确定孔的中心位置。

1）"绘制截面"方法。单击"绘制截面"按钮，系统弹出"创建草图"对话框，提示用户选择草图平面，用户可以单击"绘制界面"按钮创建草图，在草图环境下绘制点，以创建孔的中心点。

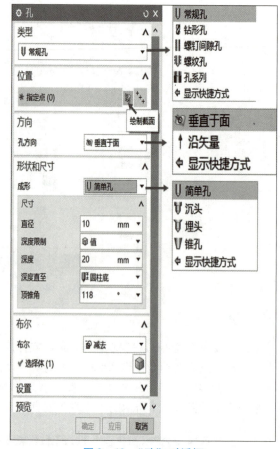

图 2-12 "孔"对话框

2）"点"方法。单击"点"按钮，选择已存在的点作为孔的中心点。单击"选择组"工具条中的"启用捕捉点"按钮，激活"捕捉点"设置，并激活相应的捕捉点规则，如图 2-13 所示，可以更快捷地拾取存在点作为孔中心点。此外，激活"孔"命令后，"选择"面组上会自动出现"选择规则"工具条。该工具条可以用于辅助孔中心点的选择，如图 2-14 所示。

图 2-13 "选择组"工具条

图 2-14 "选择规则"工具条

（3）"方向"选项组 该选项组可以设置创建孔特征的方向，系统提供了"垂直于面"和"沿矢量"两种方法确定孔的方向。

1）"垂直于面"方法。该选项为系统默认的创建孔方向的方式，其矢量方向与孔所在平面的方向反向。

2)"沿矢量"方法。当选择"沿矢量"选项时,"方向"选项组如图 2-15 所示。可以通过多种方式构建矢量来改变方向,也可以在"方向"选项组的"指定矢量"下拉列表中进行拉伸矢量的选择和创建。

(4)"形状和尺寸"选项组 根据所选的孔类型不同,该选项组的具体设置内容有所区别。在五种孔的类型中,"常规孔"最为常用。

从"类型"下拉列表中选择"常规孔"选项时,孔特征的"成形"方式包括"简单孔""沉头孔""埋头孔"和"锥孔"四种。

从"类型"下拉列表中选择"钻形孔"选项时,需要分别定义位置、方向、形状和尺寸、布尔、标准和公差创建孔特征,如图 2-16 所示。

图 2-15 "孔"对话框"方向"选项组

从"类型"下拉列表中选择"螺钉间隙孔"选项时,需要定义的内容与"钻形孔"选项类似,但存在细节差异,如螺纹间隙孔有自己的"形状和尺寸"及"标准"选项。螺纹间隙孔的"成形"方式有"简单孔""沉头孔""埋头孔",如图 2-17 所示。

图 2-16 "钻形孔"选项组　　　　图 2-17 "螺钉间隙孔"选项组

螺纹孔是机械设计中一种常见的连接结构,要创建螺纹孔,在"类型"下拉列表中选择"螺纹孔"选项后,除了需要设置位置、方向外,还要在"设置"选项组的"标准"列表框中选择所需的一种适用标准。在"形状和尺寸"中设置螺纹尺寸、起始倒斜角和终止倒斜角等，如图 2-18 所示。

图 2-18 "螺纹孔"选项组

从"类型"下拉列表中选择"孔系列"选项时，除了需要设置位置和方向外，还要利用"规格"选项组来分别设置"起始""中间"和"端点"三个选项卡的内容，如图 2-19 所示。

图 2-19 "孔系列"选项下的"规格"选项组

## 7 键槽

"键槽"命令可以在模型中创建具有矩形、球形端槽、U形、T形和燕尾五种形状特征的实体,从而形成所需的键槽特征。单击"特征"面组中的"键槽"按钮,或选择"菜单"→"插入"→"设计特征"→"键槽"命令,系统弹出如图2-20所示的"槽"对话框。

在实体上创建键槽,首先指定键槽类型,再选择平面(即键槽放置平面和通孔平面),并指定水平参考方向,然后在对话框中输入键槽的参数,再选择定位方式,确定键槽在实体上的位置。各类键槽都可以设置为通槽,这样就可以创建所需的键槽了。

(1)矩形槽 矩形槽的基本参数如图2-21所示。

图2-20 "槽"对话框

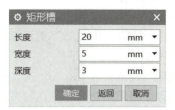

图2-21 "矩形槽"对话框

(2)球形槽 球形槽的基本参数如图2-22所示。创建过程与矩形槽相类似。

(3)U形键槽 U形键槽的基本参数如图2-23所示。创建过程与矩形槽相类似。

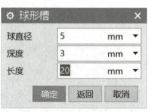

图2-22 "球形槽"对话框

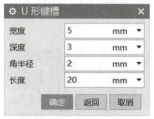

图2-23 "U形键槽"对话框

(4)T形槽 T形槽的基本参数如图2-24所示。创建过程与矩形槽相类似。

(5)燕尾槽 燕尾槽的基本参数如图2-25所示。创建过程与矩形槽相类似。

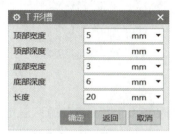

图2-24 "T形槽"对话框

图2-25 "燕尾槽"对话框

项目二 皮带传送模块建模　73

## 8 倒圆角

倒圆角是指在两个实体表面之间产生的平滑圆弧过渡。在零件设计过程中，倒圆角操作比较重要，它不仅可以去除模型的棱角，满足造型设计的美学要求，而且可以通过变换造型，防止零件应力集中而形成裂纹。在 NX 中可以创建三种倒圆角类型，即"边倒圆""面倒圆"和"软倒圆"，本节主要介绍"边倒圆"。

"边倒圆"特征是指用指定的倒圆半径将实体的边缘变成圆柱面或圆锥面。根据圆角半径的设置，可以分为等半径倒圆和变半径倒圆两种类型。

单击"特征"面组汇总的"边倒圆"按钮，或选择"菜单"→"插入"→"细节特征"→"边倒圆"命令，系统弹出如图 2—26 所示的"边倒圆"对话框。该对话框包括了倒圆角的四种方式，介绍如下。

（1）固定半径倒圆角

该方式的边倒圆最为简单，比较常用。通过在系统默认的浮动文本框中设置固定的圆角半径，然后选取棱边直线创建圆角。预览形式如图 2—27 所示。

图 2—26 "边倒圆"对话框

（2）可变半径点

该方式是指沿指定边缘，按可变半径对实体或片体进行倒圆角操作，所创建的倒圆面通过指定的边缘，并与倒圆边缘邻接的面相切。在变半径倒圆中，需要在多个点处指定半径。预览形式如图 2—28 所示。

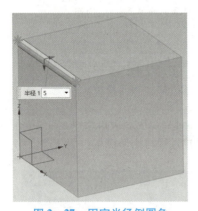

图 2—27 固定半径倒圆角

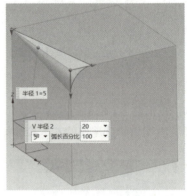

图 2—28 变半径倒圆角

（3）拐角倒角

该方式可在相邻三个面上的三条棱边线的交点处产生倒圆角，它是在零件的拐角处去除材料创建而成的。预览形式如图 2—29 所示。

（4）拐角突然停止

利用该方式可通过指定点或距离将之前创建的圆角截断。依次选取棱边线之后，选取拐角的终点位置，然后通过输入一定距离确定停止的位置。预览形式如图 2—30 所示。

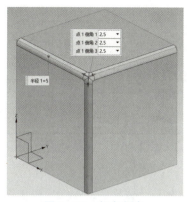
图 2-29 拐角倒角

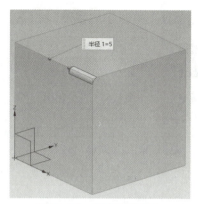
图 2-30 拐角突然停止

## 9 倒斜角

倒斜角也是工程中经常出现的倒角方式，即对实体边缘指定尺寸进行倒角。根据倒角的方式，可以分为"对称""非对称"以及"偏置和角度"三种类型。

单击"特征"面组中的"倒斜角"按钮，或选择"菜单"→"插入"→"细节特征"→"倒斜角"命令，系统弹出如图 2-31 所示的"倒斜角"对话框。

### 9.1 对称倒斜角

对称倒斜角是指在相邻两个面上对称偏置一定距离，从而去除棱角的一种方式。它的倾斜值是固定的 45°，并且是系统默认的倒角方式。在"倒斜角"对话框的"横截面"下拉列表中选择"对称"选项，然后选取需要倒角的边缘，并在"距离"文本框中输入倒角参数，单击"确定"按钮即可。

图 2-31 "倒斜角"对话框

"偏置法"下拉列表包括"沿面偏置边"和"偏置面并修剪"两个选项，前者是指沿着表面进行偏置，后者是指定一个表面并修剪该面。

### 9.2 非对称倒斜角

非对称倒斜角是指对两个相邻面分别设置不同的偏置距离所创建的倒角特征。在"横截面"下拉列表中选择"非对称"选项，然后在如图 2-32 所示的对话框中输入倒斜角参数，单击"确定"按钮即可。其中"反向"按钮的作用是更改倒斜角的方向。

### 9.3 偏置和角度

"偏置和角度"倒斜角类型是通过偏置距离和旋转角度两个参数来定义的倒角特征。其中偏置距离是指沿偏置面偏置的距离，旋转角度是指在偏置面形成的角度。在"横截面"下拉列表中选择"偏置和角度"选项，然后在如图 2-33 所示的对话框中输入倒斜角参数，单击"确定"按钮即可。

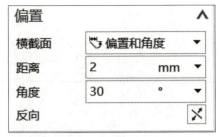

图 2-32 "非对称"选项　　　　图 2-33 "偏置和角度"选项

## 任务一　皮带张紧架建模

### 任务简介

某企业接到了《工业机器人应用编程》1+X证书考核平台生产任务，现需要对平台中皮带传送模块的皮带张紧架进行生产加工，为了保证加工质量，满足客户要求，该企业现需对皮带张紧架进行建模分析。皮带张紧架二维平面图如图2-34所示。

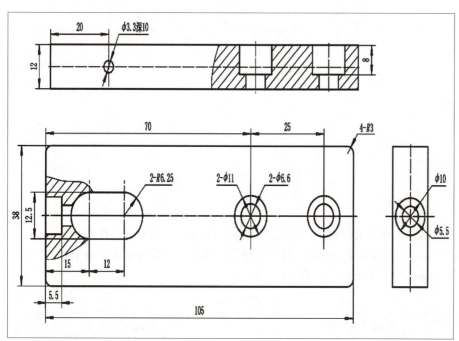

图2-34　皮带张紧架平面图

假设你是负责该项目的工程师，请你利用UG NX 12.0三维建模软件完成皮带传送模块中的皮带张紧架三维模型创建。实训任务要求见表2-1。

表2-1　皮带张紧架建模要求

| 序号 | 要求 |
| --- | --- |
| 1 | 选择 XY 平面创建草图 |
| 2 | 运用拉伸指令完成皮带张紧架实体创建 |
| 3 | 运用常规孔指令完成前表面简单孔特征创建 |
| 4 | 运用沉头孔指令完成左表面及上表面沉头孔创建 |
| 5 | 皮带张紧架模型尺寸需严格按照图纸创建 |
| 6 | 建模过程中需要考虑模型装配的定位尺寸 |
| 7 | 请同学们将建好的模型上传到超星网络教学平台中 |
| 8 | 请同学们根据皮带张紧架建模评分要求进行相互评分 |

### 实训分组

实训任务分配表见表 2-2。

表 2-2 实训任务分配表

| 组长 | | 学号 | | 电话 | |
|---|---|---|---|---|---|
| 专业教师 | | | 企业导师 | | |
| 组员 | 姓名：＿＿＿＿<br>姓名：＿＿＿＿<br>姓名：＿＿＿＿ | 学号：＿＿＿＿<br>学号：＿＿＿＿<br>学号：＿＿＿＿ | 姓名：＿＿＿＿<br>姓名：＿＿＿＿<br>姓名：＿＿＿＿ | 学号：＿＿＿＿<br>学号：＿＿＿＿<br>学号：＿＿＿＿ | |
| 小组成员任务分工 | | | | | |
| | | | | | |

### 任务咨询

请同学们利用网络资源和图书资源，查阅关于 UG NX 12.0 三维建模软件使用相关知识，熟悉 UG NX 12.0 软件拉伸、孔等指令的功能，找到皮带传送模块中皮带张紧架三维模型创建的方法，并将查询的相关信息填写在表 2-3～表 2-5 中。

表 2-3 任务咨询网站信息

| 序号 | 查询网站名称 | 查询网站网址 |
|---|---|---|
| 1 | | |
| 2 | | |
| 3 | | |

表 2-4 任务咨询图书信息

| 序号 | 查询图书名称 | 查询图书范围 |
|---|---|---|
| 1 | | |
| 2 | | |
| 3 | | |

表 2-5 任务咨询信息整理

| 信息记录 |
|---|
| |
| |
| |

**任务计划**

请同学们根据任务简介要求,结合任务咨询结果,制订一份关于皮带传送模块中的皮带张紧架模型创建计划书,并将相关信息填写在表2-6中。

表2-6 皮带张紧架模型创建计划书

| 任务名称 | |
|---|---|
| 任务流程图 | |
| 任务指令 | |
| 任务注意事项 | |

### 操作步骤

皮带传送模块中的皮带张紧架模型创建步骤见表2-7。

表 2-7　皮带张紧架模型创建步骤

皮带张紧架建模

| 序号 | 图片展示 | 说明 |
|---|---|---|
| 1 | | 创建模型文件：<br>1）打开软件，单击"新建"按钮，弹出如图所示窗口。<br>2）选中①"模型"，在②"名称"栏填写文件名，在③"文件夹"栏指定存放位置，单击④"确定"按钮。 |
| 2 | | 调用"拉伸"指令：<br>1）单击①"拉伸"按钮，弹出"拉伸"对话框。<br>2）单击②"绘制截面按钮"，弹出"创建草图"对话框。 |
| 3 | | 进入草图环境：<br>1）在"草图类型"栏选择"在平面上"，在"平面方法"栏选择"自动判断"，在"参考"栏选择"水平"，原点方法选择"指定点"。<br>2）单击①"指定坐标系"栏，选择②"基准坐标系中 XY 平面"，单击③"确定"按钮。 |

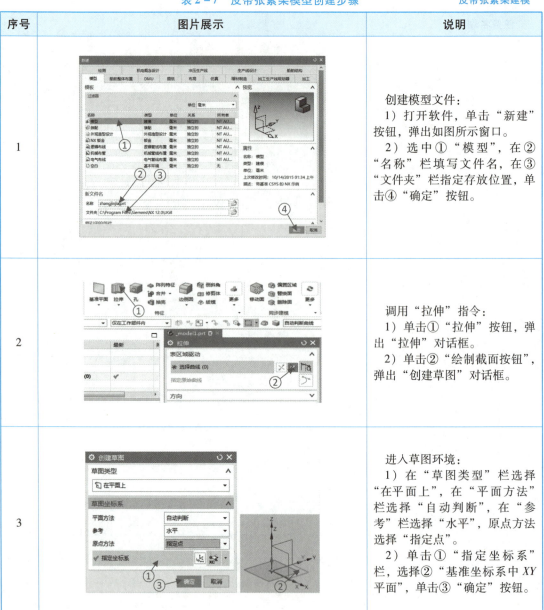

**80** ■ UG 数字化设计全实例教程

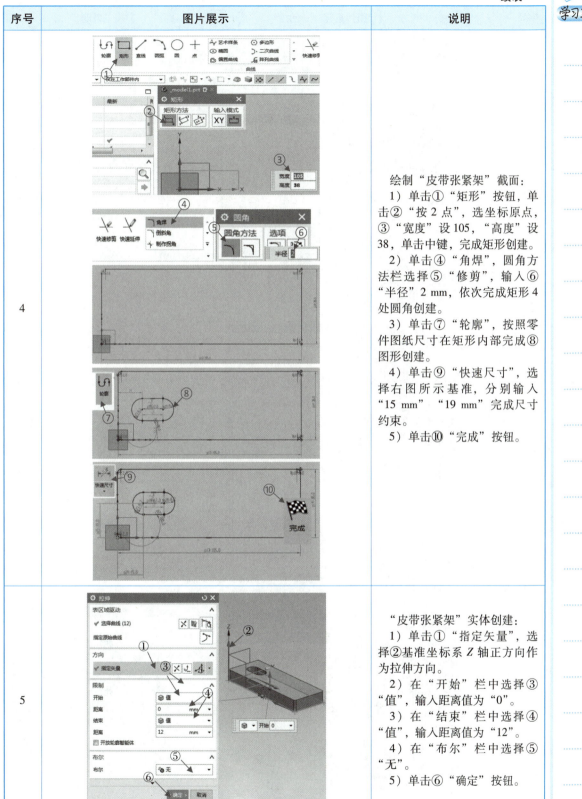

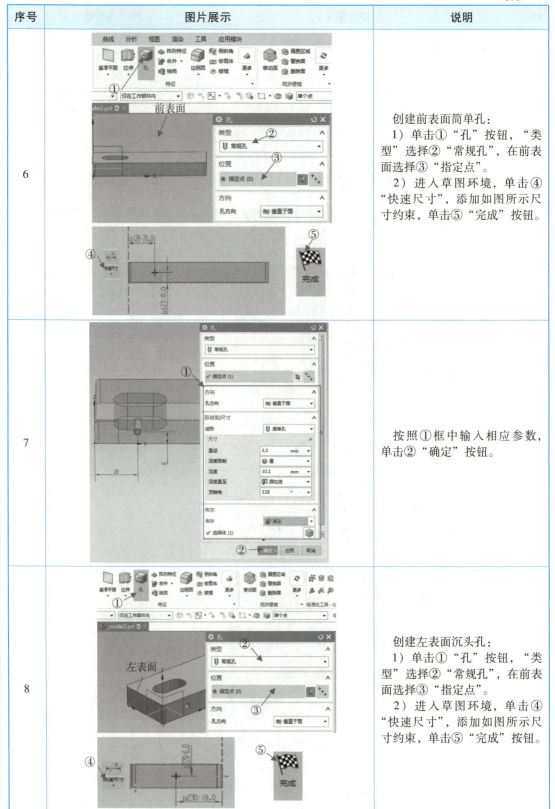

续表

| 序号 | 图片展示 | 说明 |
|---|---|---|
| 9 | 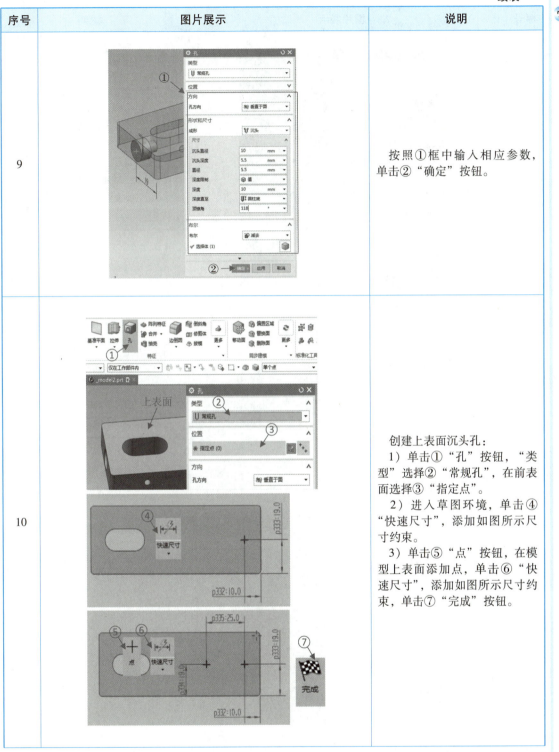 | 按照①框中输入相应参数，单击②"确定"按钮。 |
| 10 | | 创建上表面沉头孔：<br>1）单击①"孔"按钮，"类型"选择②"常规孔"，在前表面选择③"指定点"。<br>2）进入草图环境，单击④"快速尺寸"，添加如图所示尺寸约束。<br>3）单击⑤"点"按钮，在模型上表面添加点，单击⑥"快速尺寸"，添加如图所示尺寸约束，单击⑦"完成"按钮。 |

项目二　皮带传送模块建模　83

续表

| 序号 | 图片展示 | 说明 |
|---|---|---|
| 11 | | 按照①框中输入相应参数,单击②"确定"按钮。 |

**任务实施**

请同学们根据任务计划阶段做的皮带张紧架模型创建计划书,并结合操作步骤的内容,利用 UG 三维建模软件完成皮带张紧架模型的创建,并将建好的模型上传到超星网络教学平台。在实训过程中,请将问题、解决办法及心得体会记录在表 2-8 中。

表 2-8　实训过程记录表

| 实训中出现的问题 | |
|---|---|
| 实训问题解决办法 | |
| 实训心得体会 | |

项目二　皮带传送模块建模

> 任务检查

完成建模任务之后，请找两位同学（一位来自小组内，一位来自小组外）为你的作品评分，同时，在超星平台中查看企业导师与专业教师的评分情况，并根据老师、导师以及同学的评分情况修订作品。皮带张紧架建模评分表见表2-9。

表2-9 皮带张紧架建模评分表

| 姓名 | | 学号 | | | 得分 | | |
|---|---|---|---|---|---|---|---|
| 序号 | 检查内容及标准 | | 配分 | 组内评分 | 组外评分 | 导师评分 | 教师评分 |
| 1 | 创建模型文件正确得10分 | | 10 | | | | |
| 2 | 创建皮带张紧架草图绘制正确得20分 | | 20 | | | | |
| 3 | 创建简单孔正确得10分 | | 10 | | | | |
| 4 | 创建沉头孔每正确一个得10分 | | 30 | | | | |
| 5 | 正确设置模型颜色得10分 | | 10 | | | | |
| 6 | 实训过程中未违反课程规章制度得5分 | | 5 | | | | |
| 7 | 按照实训设备使用规程操作设备得5分 | | 5 | | | | |
| 8 | 按时参加学习，无迟到、早退得5分 | | 5 | | | | |
| 9 | 实训过程中能主动帮助同学得5分 | | 5 | | | | |
| | 合计总分 | | 100 | | | | |
| 评分评语 | | | | | | | |
| 评分人员签字 | | | | | | | |

注意：本项目组内评分占20%，组外评分占20%，企业导师评分占30%，专业课教师评分占30%。

思政沙龙

## 1. 活动讨论

请同学们讨论一下，在我国装备制造业中，哪些设备上有支架类零件。支架类零件的主要用途是什么？将讨论信息记录在表 2-10 中。

表 2-10  讨论记录表

| 讨论信息 |
| --- |
|  |
|  |
|  |
|  |
|  |
|  |

## 2. 导师点评

利用 QQ、微信、学习通 APP 等聊天软件与企业导师连线，请同学们将企业导师的点评信息记录在表 2-11 中。

表 2-11  导师点评记录表

| 导师点评信息 |
| --- |
|  |
|  |
|  |
|  |
|  |
|  |
|  |

## 3. 教师点评

请同学们将专业教师的点评信息记录在表 2-12 中。

表 2-12  教师点评记录表

| 教师点评信息 |
| --- |
|  |
|  |
|  |
|  |
|  |
|  |

**任务拓展**

某机械工厂需生产一批张紧装置,图 2-35 所示为该张紧装置的横连板,现需要对横连板进行三维建模,便于后续仿真分析。

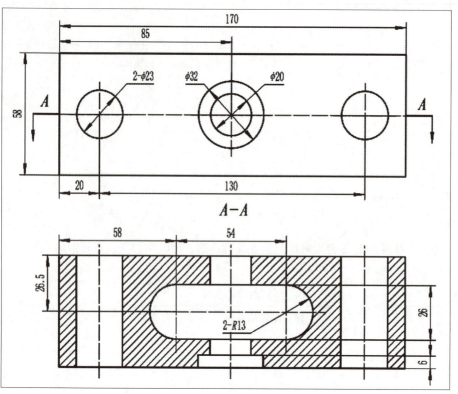

图 2-35 横连板工程图

假设你是该项目的工程师,请利用 UG NX 12.0 三维建模软件完成横连板模型创建,要求见表 2-13。

表 2-13 横连板建模要求

| 序号 | 要求 |
| --- | --- |
| 1 | 选择 XY 平面创建横连板草图 |
| 2 | 运用拉伸指令完成横连板实体创建 |
| 3 | 运用常规孔指令完成 φ23 孔特征创建 |
| 4 | 运用沉头孔指令完成沉头孔创建 |
| 5 | 横连板模型尺寸需严格按照图纸创建 |
| 6 | 请同学们将建好的模型上传到超星网络教学平台中 |
| 7 | 请同学们根据横连板建模评分要求进行相互评分 |

## 任务二  皮带传动轴建模

### 任务简介

某学校有一套《工业机器人应用编程》1+X证书考核平台,由于使用不当,导致平台的皮带传动轴变形,现需要对皮带传动轴进行加工和更换。为了保证加工质量,满足要求,需要对皮带传动轴进行建模分析。皮带传动轴二维平面图如图2-36所示。

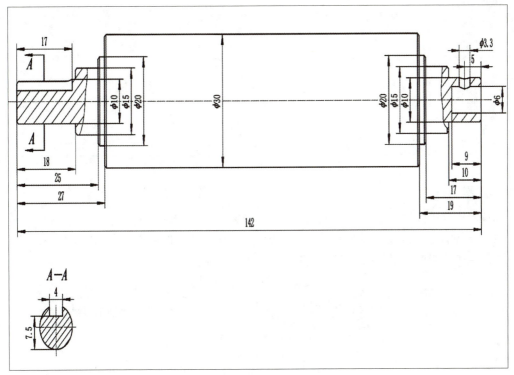

图2-36  皮带传动轴平面图

假设你是负责该项目的工程师,请你利用UG NX 12.0三维建模软件完成皮带传送模块中皮带传动轴的三维模型创建。实训任务要求见表2-14。

表2-14  皮带传动轴建模要求

| 序号 | 要求 |
| --- | --- |
| 1 | 皮带传动轴截面草图选择XY平面绘制 |
| 2 | 运用旋转指令完成皮带传动轴实体创建 |
| 3 | 运用常规孔指令完成$\phi 6$和$\phi 3.3$孔特征的创建 |
| 4 | 运用边倒圆和倒斜角指令完成圆角和斜角创建 |
| 5 | 平行于XY平面创建键槽放置平面 |
| 6 | 运用键槽指令完成键槽的创建 |
| 7 | 请同学们将建好的模型上传到超星网络教学平台中 |
| 8 | 请同学们根据皮带传动轴建模评分要求进行相互评分 |

### 实训分组

实训任务分配表见表2-15。

表2-15 实训任务分配表

| 组长 | | 学号 | | 电话 | |
|---|---|---|---|---|---|
| 专业教师 | | | 企业导师 | | |
| 组员 | 姓名：_____ 姓名：_____ 姓名：_____ | 学号：_____ 学号：_____ 学号：_____ | | 姓名：_____ 姓名：_____ 姓名：_____ | 学号：_____ 学号：_____ 学号：_____ |
| 小组成员任务分工 | | | | | |
|  | | | | | |

### 任务咨询

请同学们利用网络资源和图书资源，查阅UG NX 12.0建模软件使用相关知识，熟悉UG NX 12.0旋转、键槽、边倒圆、倒斜角等指令的功能，找到皮带传送模块中皮带传动轴三维模型创建的方法，并将查询的相关信息填写在表2-16～表2-18中。

表2-16 任务咨询网站信息

| 序号 | 查询网站名称 | 查询网站网址 |
|---|---|---|
| 1 | | |
| 2 | | |
| 3 | | |

表2-17 任务咨询图书信息

| 序号 | 查询图书名称 | 查询图书范围 |
|---|---|---|
| 1 | | |
| 2 | | |
| 3 | | |

表2-18 任务咨询信息整理

| 信息记录 |
|---|
| |
| |
| |

## 任务计划

请同学们根据任务要求，结合任务咨询结果，制订一份关于皮带传送模块中的皮带传动轴模型创建计划书，并将相关信息填写在表 2-19 中。

表 2-19　皮带传动轴模型创建计划书

| 任务名称 | |
|---|---|
| 任务流程图 | |
| 任务指令 | |
| 任务注意事项 | |

皮带传送模块中的皮带传动轴模型创建步骤见表2-20。

皮带传动轴建模

表 2-20　皮带传动轴模型创建步骤

| 序号 | 图片展示 | 说明 |
|---|---|---|
| 1 | | 创建模型文件：<br>1）打开软件，单击"新建"按钮，弹出如图所示窗口。<br>2）选中①"模型"，在②"名称"栏填写文件名，在③"文件夹"栏指定存放位置，单击④"确定"按钮。 |
| 2 | | 调用"旋转"指令：<br>1）单击①"旋转"按钮，弹出"旋转"对话框。<br>2）单击②"绘制截面"按钮，弹出"创建草图"对话框。 |
| 3 | | 进入草图环境：<br>1）"草图类型"栏选择"在平面上"，"平面方法"栏选择"自动判断"，"参考"栏选择"水平"，"原点方法"选择"指定点"。<br>2）单击①"指定坐标系"栏，选择②"基准坐标系中XY平面"，单击③"确定"按钮。 |
| 4 | | 绘制"皮带传动轴"截面：<br>单击①"轮廓"，在草图环境中完成②所示草图，单击③"完成"按钮。 |

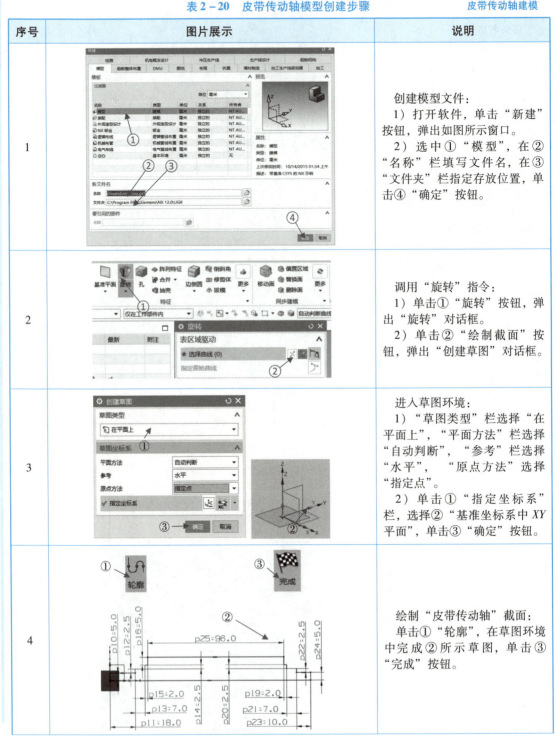

续表

| 序号 | 图片展示 | 说明 |
|---|---|---|
| 5 | 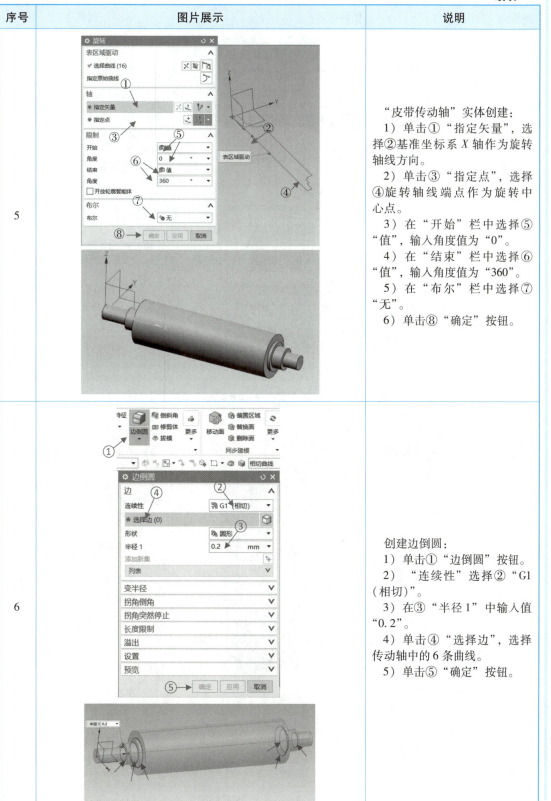 | "皮带传动轴"实体创建：<br>1）单击①"指定矢量"，选择②基准坐标系 $X$ 轴作为旋转轴线方向。<br>2）单击③"指定点"，选择④旋转轴线端点作为旋转中心点。<br>3）在"开始"栏中选择⑤"值"，输入角度值为"0"。<br>4）在"结束"栏中选择⑥"值"，输入角度值为"360"。<br>5）在"布尔"栏中选择⑦"无"。<br>6）单击⑧"确定"按钮。 |
| 6 |  | 创建边倒圆：<br>1）单击①"边倒圆"按钮。<br>2）"连续性"选择②"G1（相切）"。<br>3）在③"半径1"中输入值"0.2"。<br>4）单击④"选择边"，选择传动轴中的6条曲线。<br>5）单击⑤"确定"按钮。 |

项目二　皮带传送模块建模　93

续表

| 序号 | 图片展示 | 说明 |
|---|---|---|
| 7 | 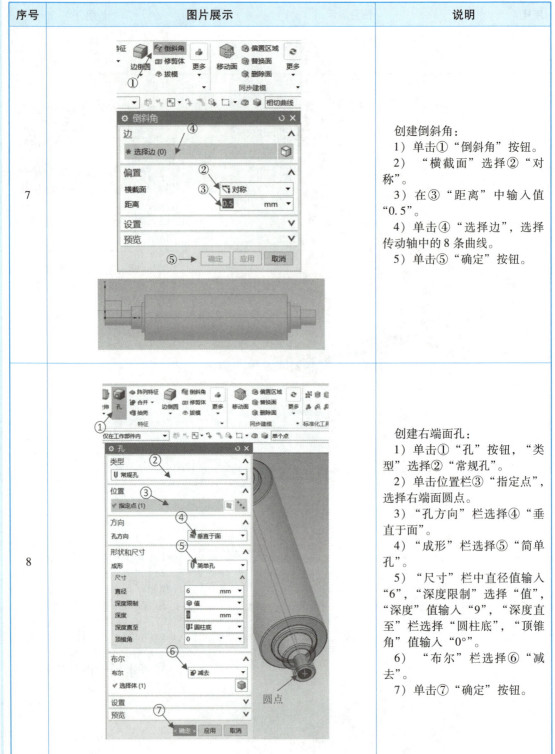 | 创建倒斜角：<br>1）单击①"倒斜角"按钮。<br>2）"横截面"选择②"对称"。<br>3）在③"距离"中输入值"0.5"。<br>4）单击④"选择边"，选择传动轴中的8条曲线。<br>5）单击⑤"确定"按钮。 |
| 8 |  | 创建右端面孔：<br>1）单击①"孔"按钮，"类型"选择②"常规孔"。<br>2）单击位置栏③"指定点"，选择右端面圆点。<br>3）"孔方向"栏选择④"垂直于面"。<br>4）"成形"栏选择⑤"简单孔"。<br>5）"尺寸"栏中直径值输入"6"，"深度限制"选择"值"，"深度"值输入"9"，"深度直至"栏选择"圆柱底"，"顶锥角"值输入"0°"。<br>6）"布尔"栏选择⑥"减去"。<br>7）单击⑦"确定"按钮。 |

续表

| 序号 | 图片展示 | 说明 |
|---|---|---|
| 9 | 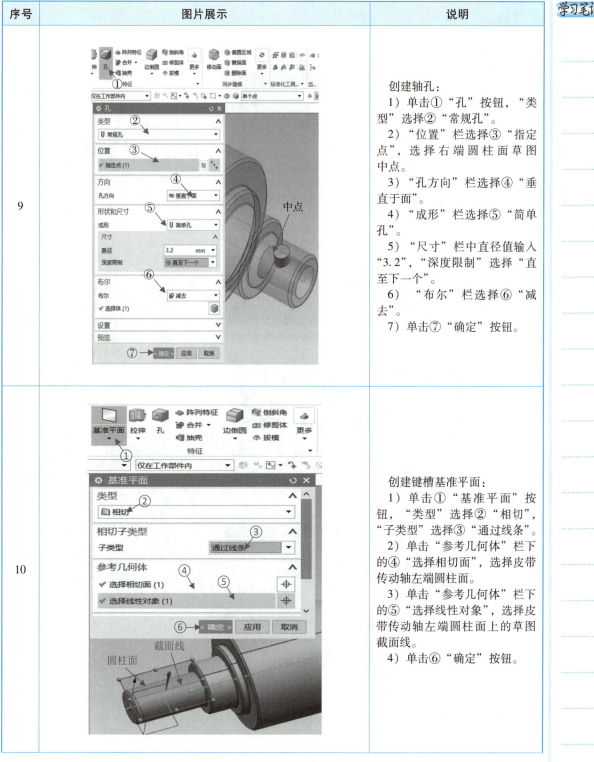 | 创建轴孔：<br>1）单击①"孔"按钮，"类型"选择②"常规孔"。<br>2）"位置"栏选择③"指定点"，选择右端圆柱面草图中点。<br>3）"孔方向"栏选择④"垂直于面"。<br>4）"成形"栏选择⑤"简单孔"。<br>5）"尺寸"栏中直径值输入"3.2"，"深度限制"选择"直至下一个"。<br>6）"布尔"栏选择⑥"减去"。<br>7）单击⑦"确定"按钮。 |
| 10 |  | 创建键槽基准平面：<br>1）单击①"基准平面"按钮，"类型"选择②"相切"，"子类型"选择③"通过线条"。<br>2）单击"参考几何体"栏下的④"选择相切面"，选择皮带传动轴左端圆柱面。<br>3）单击"参考几何体"栏下的⑤"选择线性对象"，选择皮带传动轴左端圆柱面上的草图截面线。<br>4）单击⑥"确定"按钮。 |

| 序号 | 图片展示 | 说明 |
|---|---|---|
| 11 | 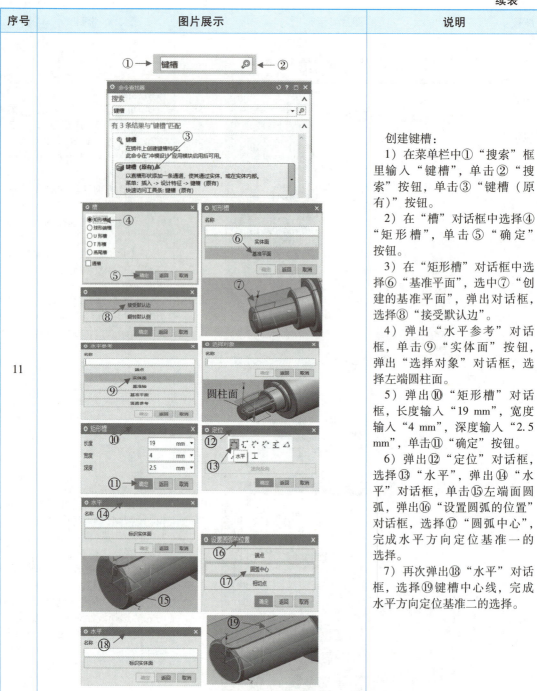 | 创建键槽：<br>1）在菜单栏中①"搜索"框里输入"键槽"，单击②"搜索"按钮，单击③"键槽（原有）"按钮。<br>2）在"槽"对话框中选择④"矩形槽"，单击⑤"确定"按钮。<br>3）在"矩形槽"对话框中选择⑥"基准平面"，选中⑦"创建的基准平面"，弹出对话框，选择⑧"接受默认边"。<br>4）弹出"水平参考"对话框，单击⑨"实体面"按钮，弹出"选择对象"对话框，选择左端圆柱面。<br>5）弹出⑩"矩形槽"对话框，长度输入"19 mm"，宽度输入"4 mm"，深度输入"2.5 mm"，单击⑪"确定"按钮。<br>6）弹出⑫"定位"对话框，选择⑬"水平"，弹出⑭"水平"对话框，单击⑮左端面圆弧，弹出⑯"设置圆弧的位置"对话框，选择⑰"圆弧中心"，完成水平方向定位基准一的选择。<br>7）再次弹出⑱"水平"对话框，选择⑲键槽中心线，完成水平方向定位基准二的选择。 |

续表

| 序号 | 图片展示 | 说明 |
|---|---|---|
| 11 |  | 8）弹出⑳"创建表达式"对话框，输入值"7.5 mm"，单击㉑"确定"按钮。<br>9）弹出㉒"定位"对话框，单击㉓"确定"按钮。 |

项目二　皮带传送模块建模

**任务实施**

请同学们根据任务计划阶段做的皮带传动轴模型创建计划书，并结合操作步骤的内容，利用 UG NX 12.0 三维建模软件，完成皮带传动轴模型的创建，并将建好的模型上传到超星网络教学平台。在实训过程中，请将问题、解决办法以及心得体会记录在表 2-21 中。

表 2-21　实训过程记录表

| 实训中出现的问题 | |
|---|---|
| 实训问题解决办法 | |
| 实训心得体会 | |

## 任务检查

完成建模任务之后,请找两位同学(一位来自小组内,一位来自小组外)为你的作品评分,同时,在超星平台中查看企业导师与专业教师的评分情况,并根据老师、导师以及同学的评分情况修订作品。皮带传动轴建模评分表见表 2-22。

表 2-22 皮带传动轴建模评分表

| 姓名 | | | 学号 | | | 得分 | |
|---|---|---|---|---|---|---|---|
| 序号 | 检查内容及标准 | | 配分 | 组内评分 | 组外评分 | 导师评分 | 教师评分 |
| 1 | 创建模型文件正确得 10 分 | | 10 | | | | |
| 2 | 正确创建皮带传动轴截面草图得 20 分 | | 20 | | | | |
| 3 | 正确使用旋转指令创建皮带传动轴模型得 10 分 | | 10 | | | | |
| 4 | 正确创建孔特征得 15 分 | | 15 | | | | |
| 5 | 正确创建基准平面得 10 分 | | 10 | | | | |
| 6 | 正确创建键槽特征得 15 分 | | 15 | | | | |
| 7 | 实训过程中未违反课程规章制度得 5 分 | | 5 | | | | |
| 8 | 按照实训设备使用规程操作设备得 5 分 | | 5 | | | | |
| 9 | 按时参加学习,无迟到、早退得 5 分 | | 5 | | | | |
| 10 | 实训过程中能主动帮助同学得 5 分 | | 5 | | | | |
| | 合计总分 | | 100 | | | | |
| 评分评语 | | | | | | | |
| 评分人员签字 | | | | | | | |

注意:本项目组内评分占 20%,组外评分占 20%,企业导师评分占 30%,专业课教师评分占 30%。

项目二 皮带传送模块建模

## 思政沙龙

### 1. 活动讨论

请同学们讨论一下轴类零件在装备制造业中的应用。机械设备中,轴类零件主要作用有哪些?轴类零件结构特点有哪些?将讨论信息记录在表 2-23 中。

表 2-23 讨论记录表

| 讨论信息 |
| --- |
|  |
|  |
|  |
|  |
|  |
|  |

### 2. 导师点评

利用 QQ、微信、学习通 APP 等聊天软件与企业导师连线,请同学们将企业导师的点评信息记录在表 2-24 中。

表 2-24 导师点评记录表

| 导师点评信息 |
| --- |
|  |
|  |
|  |
|  |
|  |

### 3. 教师点评

请同学们将专业教师的点评信息记录在表 2-25 中。

表 2-25 教师点评记录表

| 教师点评信息 |
| --- |
|  |
|  |
|  |
|  |
|  |

**任务拓展**

某企业设备上的传动轴经常损坏,需要对其进行仿真分析,仿真前需完成该传动轴的三维模型创建,现有该传动轴工程图纸,如图 2-37 所示。

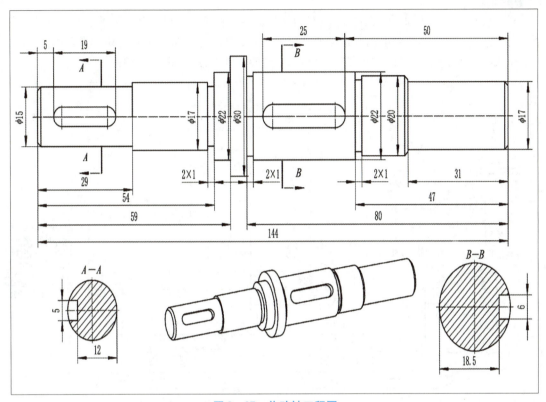

图 2-37 传动轴工程图

假设你是该项目的工程师,请利用 UG 三维建模软件完成传动轴三维模型的创建,要求见表 2-26。

表 2-26 传动轴建模要求

| 序号 | 要求 |
| --- | --- |
| 1 | 选择 XY 平面绘制传动轴截面草图 |
| 2 | 运用旋转指令完成传动轴实体创建 |
| 3 | 运用倒斜角指令完成斜角创建 |
| 4 | 平行于 XY 平面创建键槽放置平面 |
| 5 | 运用键槽指令完成键槽的创建 |
| 6 | 请同学们将建好的模型上传到超星网络教学平台中 |
| 7 | 请同学们根据传动轴建模评分要求进行相互评分 |

# 任务三　电动机定位架建模

## 任务简介

某学校有一套《工业机器人应用编程》1+X证书考核平台，由于使用不当，导致平台的电动机定位架损坏，现需要对电动机定位架进行加工和更换。为了保证加工质量，满足要求，需要同学完成电动机定位架三维模型创建，电动机定位架二维工程图如图2-38所示。

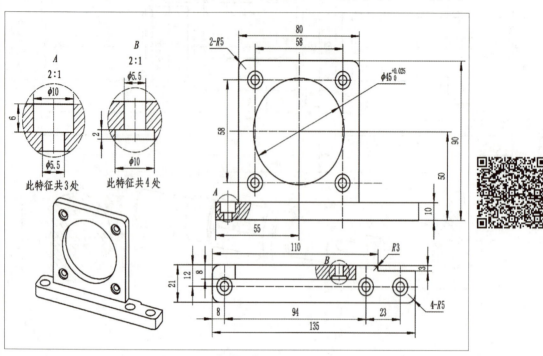

图2-38　电动机定位架平面图

假设你是负责该项目的工程师，请你利用UG NX 12.0三维建模软件完成皮带传送模块中的电动机定位架的三维模型创建，实训任务要求见表2-27。

表2-27　电动机定位架建模要求

| 序号 | 要求 |
| --- | --- |
| 1 | 选择XY平面绘制电动机定位架底座截面草图 |
| 2 | 选择底座后平面绘制电动机定位架支架截面草图 |
| 3 | 运用拉伸指令完成电动机定位架实体创建 |
| 4 | 运用拉伸指令完成电动机定位架实体创建 |
| 5 | 建模过程中需要考虑电动机装配的定位尺寸 |
| 6 | 电动机定位架模型尺寸需严格按照图纸创建 |
| 7 | 请同学们将建好的模型上传到超星网络教学平台中 |
| 8 | 请同学们根据电动机定位架建模评分要求进行相互评分 |

## 实训分组

实训任务分配表见表 2-28。

表 2-28　实训任务分配表

| 组长 | | 学号 | | 电话 | |
|---|---|---|---|---|---|
| 专业教师 | | | 企业导师 | | |
| 组员 | 姓名：_____　学号：_____<br>姓名：_____　学号：_____<br>姓名：_____　学号：_____ | | 姓名：_____　学号：_____<br>姓名：_____　学号：_____<br>姓名：_____　学号：_____ | | |
| 小组成员任务分工 | | | | | |
|  | | | | | |

## 任务咨询

请同学们利用网络资源和图书资源，查阅 UG NX 12.0 建模软件使用相关知识，熟悉 UG NX 12.0 拉伸、布尔运算、孔等指令的功能，找到皮带传送模块中电动机定位架的建模方法，并将查询的相关信息填写在表 2-29 ~ 表 2-31 中。

表 2-29　任务咨询网站信息

| 序号 | 查询网站名称 | 查询网站网址 |
|---|---|---|
| 1 | | |
| 2 | | |
| 3 | | |

表 2-30　任务咨询图书信息

| 序号 | 查询图书名称 | 查询图书范围 |
|---|---|---|
| 1 | | |
| 2 | | |
| 3 | | |

表 2-31　任务咨询信息整理

| 信息记录 |
|---|
| |
| |
| |

**任务计划**

请同学们根据任务要求,结合任务咨询结果,制订一份关于皮带传送模块中的电动机定位架模型创建计划书,并将相关信息填写在表 2-32 中。

表 2-32 电动机定位架模型创建计划书

| 任务名称 | |
|---|---|
| 任务流程图 | |
| 任务指令 | |
| 任务注意事项 | |

## 操作步骤

皮带传送模块中的电动机定位架模型创建步骤见表 2–33。

电动机定位架建模

表 2–33 电动机定位架模型创建步骤

| 序号 | 图片展示 | 说明 |
|---|---|---|
| 1 | 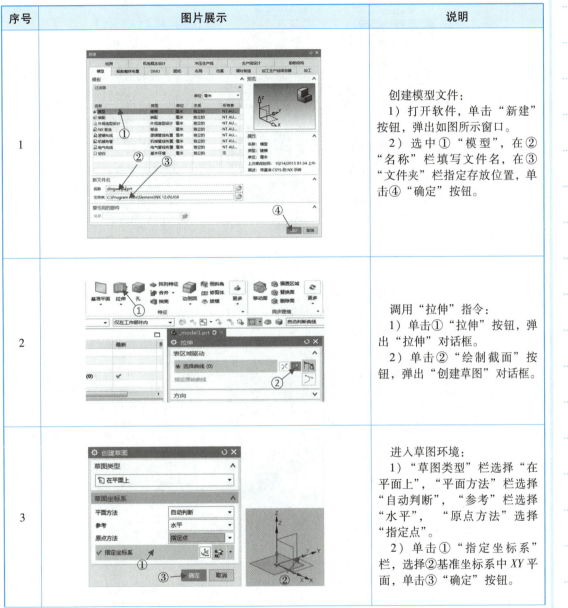 | 创建模型文件：<br>1）打开软件，单击"新建"按钮，弹出如图所示窗口。<br>2）选中①"模型"，在②"名称"栏填写文件名，在③"文件夹"栏指定存放位置，单击④"确定"按钮。 |
| 2 |  | 调用"拉伸"指令：<br>1）单击①"拉伸"按钮，弹出"拉伸"对话框。<br>2）单击②"绘制截面"按钮，弹出"创建草图"对话框。 |
| 3 |  | 进入草图环境：<br>1）"草图类型"栏选择"在平面上"，"平面方法"栏选择"自动判断"，"参考"栏选择"水平"，"原点方法"选择"指定点"。<br>2）单击①"指定坐标系"栏，选择②基准坐标系中 $XY$ 平面，单击③"确定"按钮。 |

项目二　皮带传送模块建模

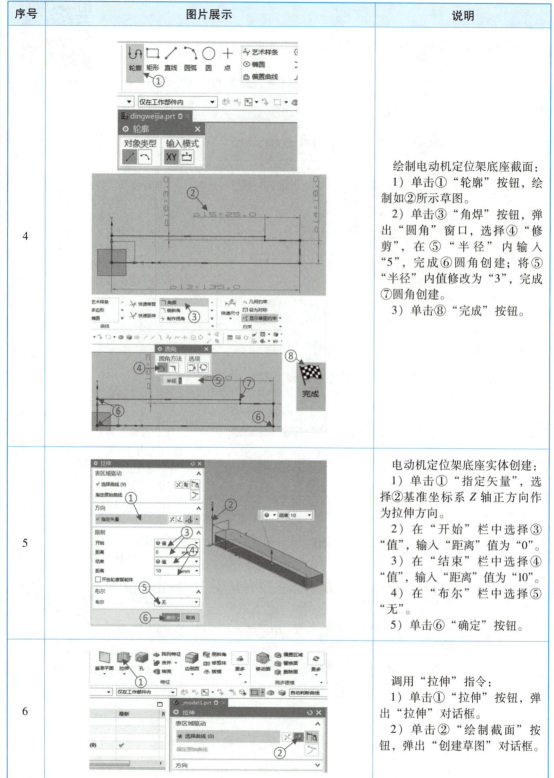

续表

| 序号 | 图片展示 | 说明 |
|---|---|---|
| 7 | | 进入草图环境：<br>1)"草图类型"栏选择"在平面上"，"平面方法"栏选择"自动判断"，"参考"栏选择"水平"，"原点方法"选择"指定点"。<br>2)单击①"指定坐标系"栏，选择②"单击定位架"后平面，单击③"确定"按钮。 |
| 8 | | 绘制电动机定位架支架截面：<br>1)运用①"轮廓"、②"圆"、③"角焊"等指令完成如④所示草图。<br>2)单击⑤"完成"按钮。 |
| 9 | | 电动机定位架支架实体创建：<br>1)单击①"指定矢量"，选择②"YC"，单击③"反向"，确保矢量方向为④基准坐标系 $Y$ 轴负方向。<br>2)在"开始"栏中选择⑤"值"，输入"距离"值为"0"；在"结束"栏中选择⑥"值"，输入"距离"值为"8"。<br>3)在"布尔"栏中选择⑦"合并"，单击⑧"选择体"，选择⑨底座。<br>4)单击⑩"确定"按钮。 |

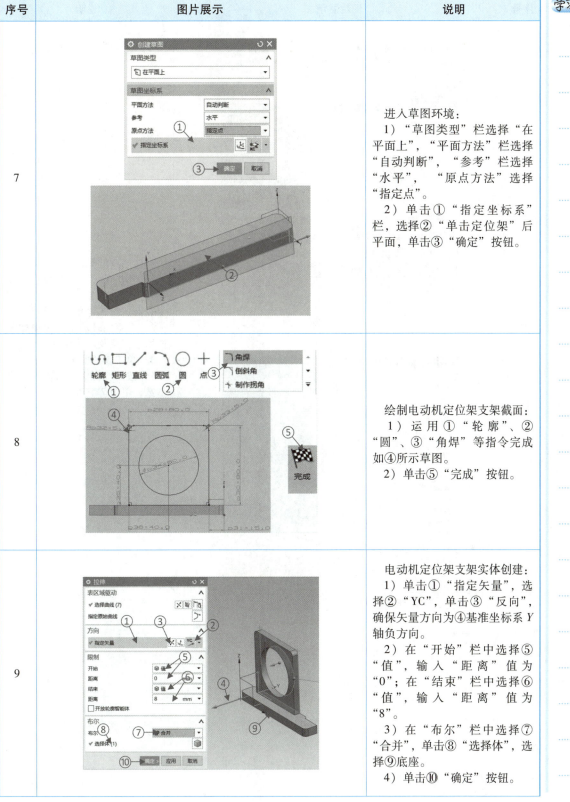

项目二　皮带传送模块建模　107

续表

| 序号 | 图片展示 | 说明 |
|---|---|---|
| 10 | 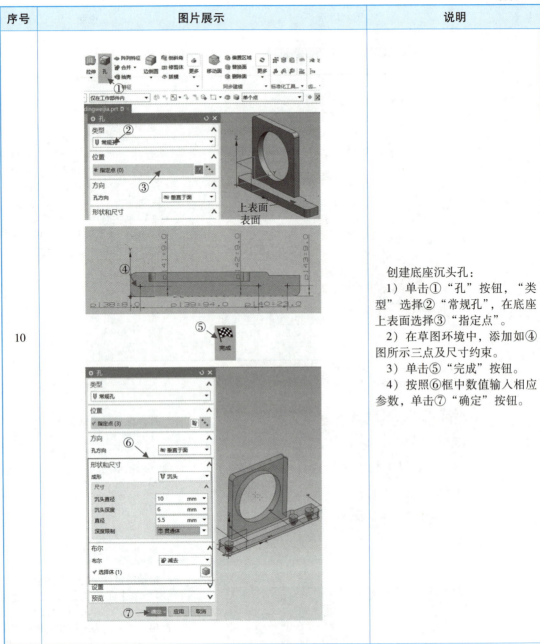 | 创建底座沉头孔：<br>1）单击①"孔"按钮，"类型"选择②"常规孔"，在底座上表面选择③"指定点"。<br>2）在草图环境中，添加如④图所示三点及尺寸约束。<br>3）单击⑤"完成"按钮。<br>4）按照⑥框中数值输入相应参数，单击⑦"确定"按钮。 |

续表

| 序号 | 图片展示 | 说明 |
|---|---|---|
| 11 | 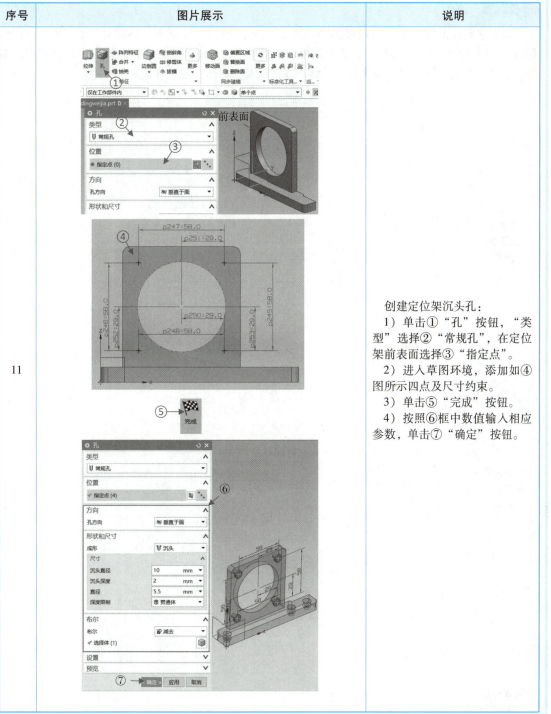 | 创建定位架沉头孔：<br>1）单击①"孔"按钮，"类型"选择②"常规孔"，在定位架前表面选择③"指定点"。<br>2）进入草图环境，添加如④图所示四点及尺寸约束。<br>3）单击⑤"完成"按钮。<br>4）按照⑥框中数值输入相应参数，单击⑦"确定"按钮。 |

项目二 皮带传送模块建模

请同学们根据任务计划阶段做的电动机定位架模型创建计划书，并结合操作步骤的内容，利用 UG NX 12.0 三维建模软件完成电动机定位架模型的创建，并将建好的模型上传到超星网络教学平台。在实训过程中，请将问题、解决办法以及心得体会记录在表 2-34 中。

表 2-34　实训过程记录表

| 实训中出现的问题 | |
|---|---|
| 实训问题解决办法 | |
| 实训心得体会 | |

## 任务检查

完成建模任务之后,请找两位同学(一位来自小组内,一位来自小组外)为你的作品评分,同时,在超星平台中查看企业导师与专业教师的评分情况,并根据老师、导师以及同学的评分情况修订作品。电动机定位架建模评分表见表 2-35。

表 2-35  电动机定位架建模评分表

| 姓名 | | 学号 | | | 得分 | | |
|---|---|---|---|---|---|---|---|
| 序号 | 检查内容及标准 | | 配分 | 组内评分 | 组外评分 | 导师评分 | 教师评分 |
| 1 | 创建模型文件正确得 10 分 | | 10 | | | | |
| 2 | 绘制电动机定位架草图正确一处得 15 分 | | 30 | | | | |
| 3 | 创建沉头孔每正确一处得 5 分 | | 20 | | | | |
| 4 | 创建孔每正确一个得 5 分 | | 15 | | | | |
| 5 | 正确使用布尔运算得 5 分 | | 5 | | | | |
| 6 | 实训过程中未违反课题规章制度得 5 分 | | 5 | | | | |
| 7 | 按照实训设备使用规程操作设备得 5 分 | | 5 | | | | |
| 8 | 按时参加学习,无迟到、早退得 5 分 | | 5 | | | | |
| 9 | 实训过程中能主动帮助同学得 5 分 | | 5 | | | | |
| | 合计总分 | | 100 | | | | |
| 评分评语 | | | | | | | |
| 评分人员签字 | | | | | | | |

注意:本项目组内评分占 20%,组外评分占 20%,企业导师评分占 30%,专业课教师评分占 30%。

## 思政沙龙

### 1. 活动讨论

电动机定位架主要用于电动机的安装,请同学们查询相关资料,讨论电动机定位架与电动机的安装要求,将讨论信息记录在表 2-36 中。

表 2-36 讨论记录表

| 讨论信息 |
| --- |
|  |
|  |
|  |
|  |
|  |
|  |

### 2. 导师点评

利用 QQ、微信、学习通 APP 等聊天软件与企业导师连线,请同学们将企业导师的点评信息记录在表 2-37 中。

表 2-37 导师点评记录表

| 导师点评信息 |
| --- |
|  |
|  |
|  |
|  |
|  |

### 3. 教师点评

请同学们将专业教师的点评信息记录在表 2-38 中。

表 2-38 教师点评记录表

| 教师点评信息 |
| --- |
|  |
|  |
|  |
|  |
|  |

**任务拓展**

某企业新开发了一套行程调节设备,为确定该设备调节行程满足设计需求,需对该设备完成运动仿真。在仿真前,需要完成调节块的三维模型创建,其调节块工程图纸如图 2-39 所示。

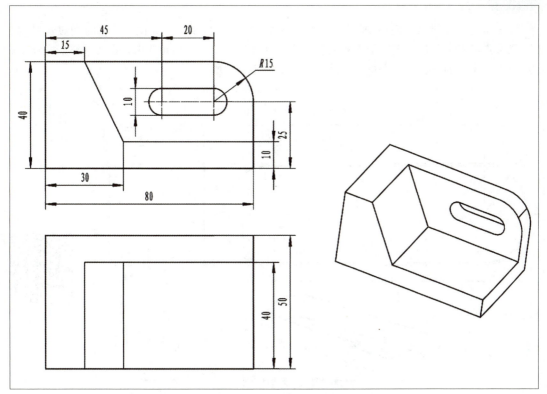

图 2-39  调节块工程图

假设你是该项目的工程师,请利用 UG NX 12.0 三维建模软件,完成调节块的创建,要求见表 2-39。

表 2-39  调节块建模要求

| 序号 | 要求 |
| --- | --- |
| 1 | 选择 XY 平面完成电动机调节块实体草图绘制 |
| 2 | 选择 XZ 平面完成电动机调节块腔体及孔草图绘制 |
| 3 | 运用倒圆角指令完成 R15 圆角创建 |
| 4 | 运用拉伸指令完成电动机调节块模型创建 |
| 5 | 电动机调节块模型尺寸需严格按照图纸创建 |
| 6 | 请同学们将建好的模型上传到超星网络教学平台中 |
| 7 | 请同学们根据电动机调节块建模评分要求进行相互评分 |

## 任务四　皮带保护壳建模

### 任务简介

有一套《工业机器人应用编程》1+X证书考核平台，皮带保护壳由于使用时间过长导致磨损，现需要对皮带保护壳进行加工和更换。为了保证加工质量，满足要求，需要同学们完成皮带保护壳三维模型创建。皮带保护壳二维工程图如图2-40所示。

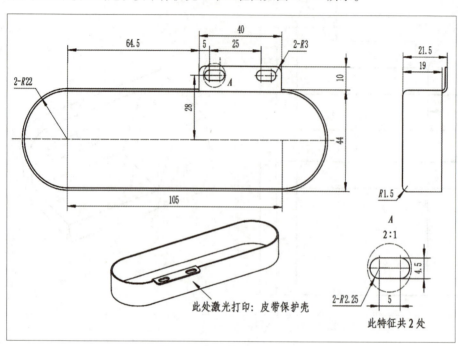

图2-40　皮带保护壳平面图

假设你是负责该项目的工程师，请你利用UG NX 12.0三维建模软件完成皮带传送模块中带保护壳的三维模型创建，实训任务要求见表2-40。

表2-40　皮带保护壳建模要求

| 序号 | 要求 |
| --- | --- |
| 1 | 选择XY平面完成皮带保护壳实体草图绘制 |
| 2 | 选择XZ平面完成皮带保护壳实体草图绘制 |
| 3 | 选择YZ平面完成皮带保护壳安装板草图绘制 |
| 4 | 运用拉伸指令完成皮带保护壳模型创建 |
| 5 | 运用边倒圆指令完成R1.5和R3圆角创建 |
| 6 | 运用文本指令完成"皮带保护壳"文本创建 |
| 7 | 请同学们将建好的模型上传到超星网络教学平台中 |
| 8 | 请同学们根据皮带保护壳建模评分要求进行相互评分 |

### 实训分组

实训任务分配表见表 2-41。

表 2-41 实训任务分配表

| 组长 | | 学号 | | 电话 | |
|---|---|---|---|---|---|
| 专业教师 | | | 企业导师 | | |
| 组员 | 姓名：_____　学号：_____　姓名：_____　学号：_____ <br> 姓名：_____　学号：_____　姓名：_____　学号：_____ <br> 姓名：_____　学号：_____　姓名：_____　学号：_____ |||||
| 小组成员任务分工 |||||||
| |||||||

### 任务咨询

请同学们利用网络资源和图书资源，查阅 UG NX 12.0 建模软件使用相关知识，熟悉 UG NX 12.0 拉伸、布尔运算、孔等指令的功能，找到皮带传送模块中皮带保护壳的建模方法，并将查询的相关信息填写在表 2-42 ~ 表 2-44 中。

表 2-42 任务咨询网站信息

| 序号 | 查询网站名称 | 查询网站网址 |
|---|---|---|
| 1 | | |
| 2 | | |
| 3 | | |

表 2-43 任务咨询图书信息

| 序号 | 查询图书名称 | 查询图书范围 |
|---|---|---|
| 1 | | |
| 2 | | |
| 3 | | |

表 2-44 任务咨询信息整理

| 信息记录 |
|---|
| |
| |
| |
| |

项目二　皮带传送模块建模

**学习笔记**

**任务计划**

请同学们根据任务要求,结合任务咨询结果,制订一份关于皮带传送模块中皮带保护壳模型创建计划书,并将相关信息填写在表 2-45 中。

表 2-45　皮带保护壳模型创建计划书

| 任务名称 | |
|---|---|
| 任务流程图 | |
| 任务指令 | |
| 任务注意事项 | |

# 操作步骤

皮带传送模块中的皮带保护壳模型创建步骤见表2-46。

表2-46 皮带保护壳模型创建步骤

皮带保护壳建模

| 序号 | 图片展示 | 说明 |
|---|---|---|
| 1 | 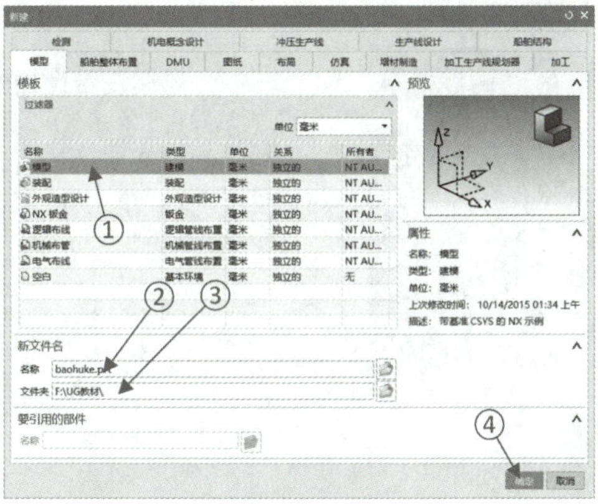 | 创建模型文件：<br>1）打开软件，单击"新建"按钮，弹出如图所示窗口。<br>2）选中①"模型"，在②"名称"栏填写文件名，在③"文件夹"栏指定存放位置，单击④"确定"按钮。 |
| 2 | 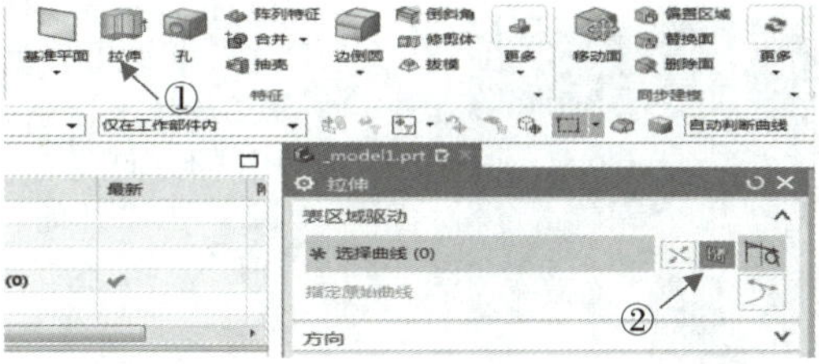 | 调用"拉伸"指令：<br>1）单击①"拉伸"，弹出"拉伸"对话框。<br>2）单击②"绘制截面"按钮，弹出"创建草图"对话框。 |
| 3 | 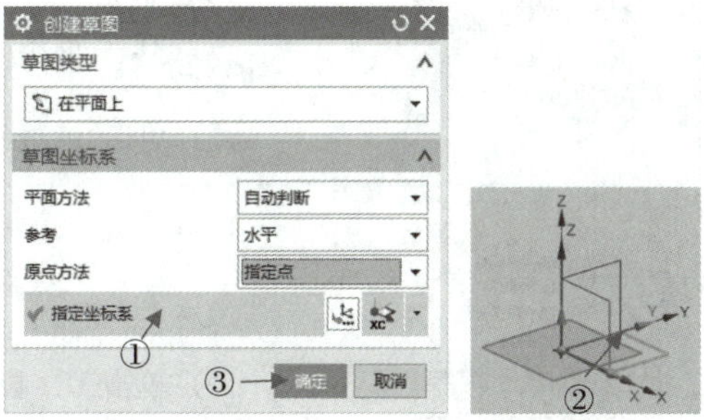 | 进入草图环境：<br>1）"草图类型"栏选择"在平面上"，"平面方法"栏选择"自动判断"，"参考"栏选择"水平"，"原点方法"选择"指定点"。<br>2）单击①"指定坐标系"栏，选择②基准坐标系中XY平面，单击③"确定"按钮。 |

项目二 皮带传送模块建模

| 序号 | 图片展示 | 说明 |
|---|---|---|
| 4 | | 绘制皮带保护壳截面：<br>1）单击①"轮廓"按钮，绘制如②所示草图。<br>2）单击③"完成"按钮。 |
| 5 | | 皮带保护壳实体创建：<br>1）单击①"指定矢量"，选择②基准坐标系 Z 轴正方向作为拉伸方向。<br>2）在"开始"栏中选择③"值"，输入"距离"值为"0"。<br>3）在"结束"栏中选择④"值"，输入"距离"值为"19"。<br>4）在"布尔"栏中选择⑤"无"。<br>5）单击⑥"确定"按钮。 |
| 6 | | 调用"拉伸"指令：<br>1）单击①"拉伸"按钮，弹出"拉伸"对话框。<br>2）单击②"绘制截面"按钮，弹出"创建草图"对话框。 |

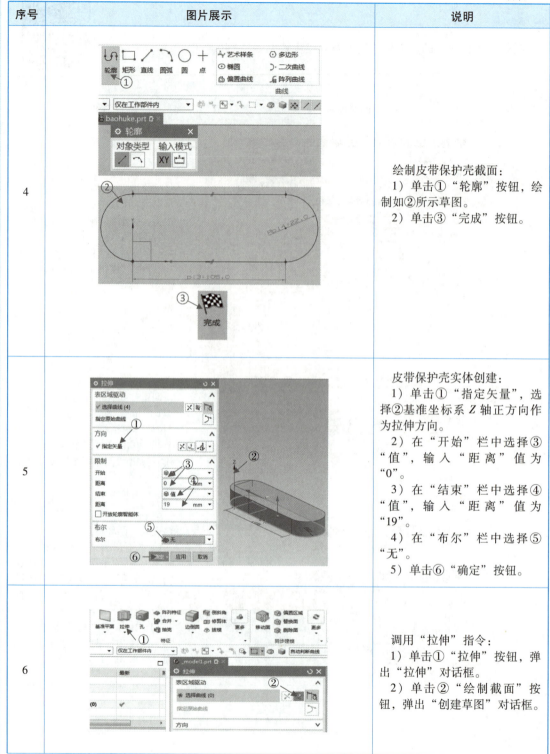

续表

| 序号 | 图片展示 | 说明 |
|---|---|---|
| 7 | 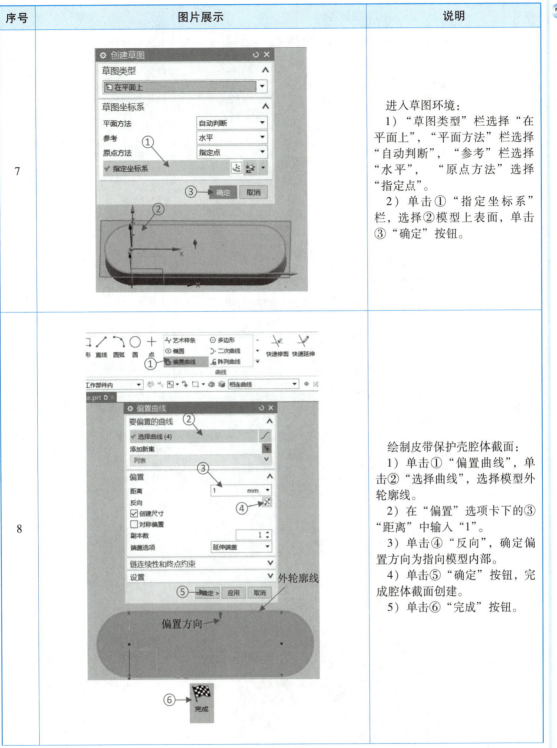 | 进入草图环境：<br>1)"草图类型"栏选择"在平面上"，"平面方法"栏选择"自动判断"，"参考"栏选择"水平"，"原点方法"选择"指定点"。<br>2)单击①"指定坐标系"栏，选择②模型上表面，单击③"确定"按钮。 |
| 8 |  | 绘制皮带保护壳腔体截面：<br>1)单击①"偏置曲线"，单击②"选择曲线"，选择模型外轮廓线。<br>2)在"偏置"选项卡下的③"距离"中输入"1"。<br>3)单击④"反向"，确定偏置方向为指向模型内部。<br>4)单击⑤"确定"按钮，完成腔体截面创建。<br>5)单击⑥"完成"按钮。 |

项目二　皮带传送模块建模　119

续表

| 序号 | 图片展示 | 说明 |
|---|---|---|
| 9 | 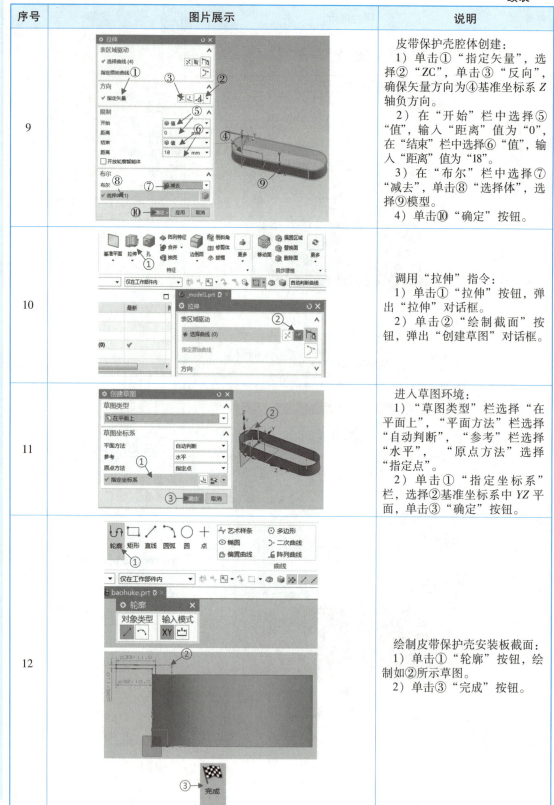 | 皮带保护壳腔体创建：<br>1）单击①"指定矢量"，选择②"ZC"，单击③"反向"，确保矢量方向为④基准坐标系 $Z$ 轴负方向。<br>2）在"开始"栏中选择⑤"值"，输入"距离"值为"0"，在"结束"栏中选择⑥"值"，输入"距离"值为"18"。<br>3）在"布尔"栏中选择⑦"减去"，单击⑧"选择体"，选择⑨模型。<br>4）单击⑩"确定"按钮。 |
| 10 |  | 调用"拉伸"指令：<br>1）单击①"拉伸"按钮，弹出"拉伸"对话框。<br>2）单击②"绘制截面"按钮，弹出"创建草图"对话框。 |
| 11 |  | 进入草图环境：<br>1）"草图类型"栏选择"在平面上"，"平面方法"栏选择"自动判断"，"参考"栏选择"水平"，"原点方法"选择"指定点"。<br>2）单击①"指定坐标系"栏，选择②基准坐标系中 $YZ$ 平面，单击③"确定"按钮。 |
| 12 |  | 绘制皮带保护壳安装板截面：<br>1）单击①"轮廓"按钮，绘制如②所示草图。<br>2）单击③"完成"按钮。 |

120 ■ UG 数字化设计全实例教程

续表

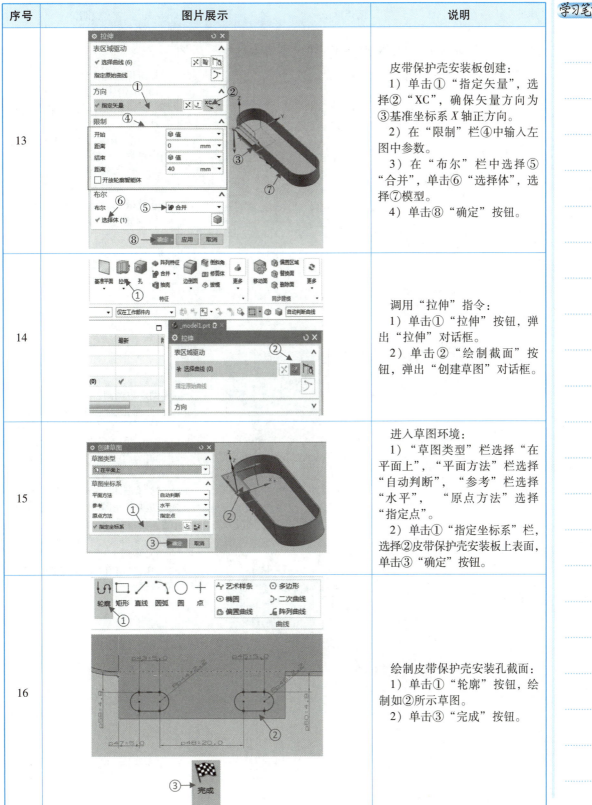

| 序号 | 图片展示 | 说明 |
| --- | --- | --- |
| 13 | | 皮带保护壳安装板创建：<br>1）单击①"指定矢量"，选择②"XC"，确保矢量方向为③基准坐标系 $X$ 轴正方向。<br>2）在"限制"栏④中输入左图中参数。<br>3）在"布尔"栏中选择⑤"合并"，单击⑥"选择体"，选择⑦模型。<br>4）单击⑧"确定"按钮。 |
| 14 | | 调用"拉伸"指令：<br>1）单击①"拉伸"按钮，弹出"拉伸"对话框。<br>2）单击②"绘制截面"按钮，弹出"创建草图"对话框。 |
| 15 | | 进入草图环境：<br>1）"草图类型"栏选择"在平面上"，"平面方法"栏选择"自动判断"，"参考"栏选择"水平"，"原点方法"选择"指定点"。<br>2）单击①"指定坐标系"栏，选择②皮带保护壳安装板上表面，单击③"确定"按钮。 |
| 16 | | 绘制皮带保护壳安装孔截面：<br>1）单击①"轮廓"按钮，绘制如②所示草图。<br>2）单击③"完成"按钮。 |

项目二　皮带传送模块建模　　121

| 序号 | 图片展示 | 说明 |
|---|---|---|
| 17 | 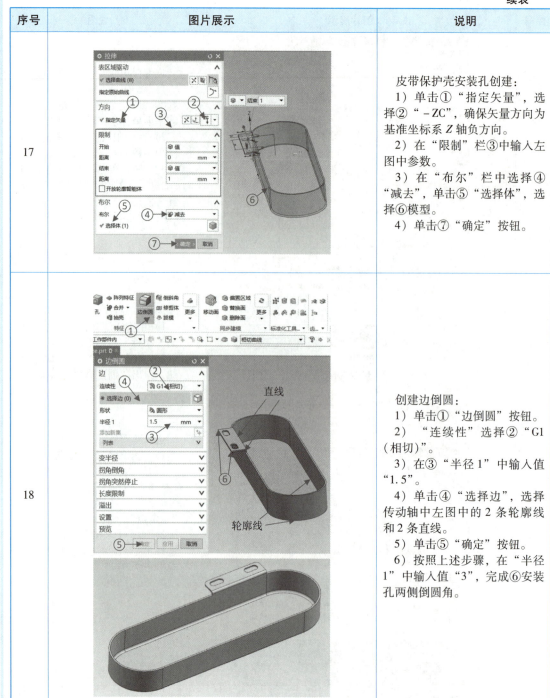 | 皮带保护壳安装孔创建：<br>1）单击①"指定矢量"，选择②"-ZC"，确保矢量方向为基准坐标系 Z 轴负方向。<br>2）在"限制"栏③中输入左图中参数。<br>3）在"布尔"栏中选择④"减去"，单击⑤"选择体"，选择⑥模型。<br>4）单击⑦"确定"按钮。 |
| 18 |  | 创建边倒圆：<br>1）单击①"边倒圆"按钮。<br>2）"连续性"选择②"G1（相切）"。<br>3）在③"半径1"中输入值"1.5"。<br>4）单击④"选择边"，选择传动轴中左图中的2条轮廓线和2条直线。<br>5）单击⑤"确定"按钮。<br>6）按照上述步骤，在"半径1"中输入值"3"，完成⑥安装孔两侧倒圆角。 |

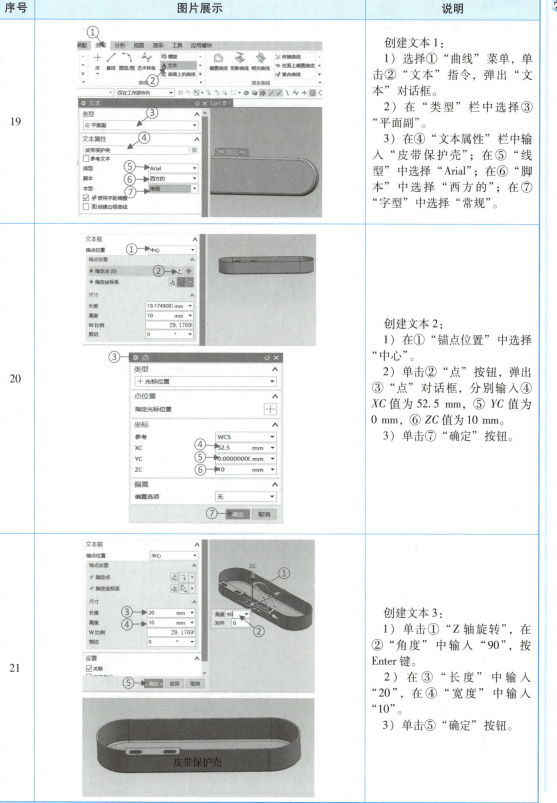

**任务实施**

请同学们根据任务计划阶段做的皮带保护壳模型创建计划书,并结合操作步骤的内容,利用 UG NX 12.0 三维建模软件完成皮带保护壳模型的创建,并将建好的模型上传到超星网络教学平台。在实训过程中,请将问题、解决办法以及心得体会记录在表 2-47 中。

表 2-47 实训过程记录表

| | |
|---|---|
| 实训中<br>出现的<br>问题 | |
| 实训问题<br>解决办法 | |
| 实训心得<br>体会 | |

## 任务检查

完成建模任务之后,请找两位同学(一位来自小组内,一位来自小组外)为你的作品评分,同时,在超星平台中查看企业导师与专业教师的评分情况,并根据老师、导师以及同学的评分情况修订作品。皮带保护壳建模评分表见表 2-48。

表 2-48　皮带保护壳建模评分表

| 姓名 | | | 学号 | | | 得分 | | |
|---|---|---|---|---|---|---|---|---|
| 序号 | 检查内容及标准 | 配分 | 组内评分 | 组外评分 | 导师评分 | 教师评分 |
| 1 | 创建模型文件正确得 10 分 | 10 | | | | |
| 2 | 创建皮带保护壳草图正确得 10 分 | 10 | | | | |
| 3 | 创建皮带保护壳腔体正确得 20 分 | 20 | | | | |
| 4 | 创建皮带保护壳安装板正确得 15 分 | 15 | | | | |
| 5 | 创建皮带保护壳安装孔正确一处得 5 分 | 10 | | | | |
| 6 | 创建边倒圆特征每正确一边得 2.5 分 | 15 | | | | |
| 7 | 实训过程中未违反课题规章制度得 5 分 | 5 | | | | |
| 8 | 按照实训设备使用规程操作设备得 5 分 | 5 | | | | |
| 9 | 按时参加学习,无迟到、早退得 5 分 | 5 | | | | |
| 10 | 实训过程中能主动帮助同学得 5 分 | 5 | | | | |
| | 合计总分 | 100 | | | | |
| 评分评语 | | | | | | |
| 评分人员签字 | | | | | | |

注意:本项目组内评分占 20%,组外评分占 20%,企业导师评分占 30%,专业课教师评分占 30%。

## 思政沙龙

### 1. 活动讨论

皮带保护壳主要用于保护带传动中的皮带,请同学们查阅带传动相关资料,讨论机械设备中常见的带传动有些哪些类型、各种带传动的特点和区别,将讨论信息记录在表 2–49 中。

表 2–49　讨论记录表

| 讨论信息 |
| --- |
|  |
|  |
|  |
|  |
|  |
|  |

### 2. 导师点评

利用 QQ、微信、学习通 APP 等聊天软件与企业导师连线,请同学们将企业导师的点评信息记录在表 2–50 中。

表 2–50　讨论记录表

| 导师点评信息 |
| --- |
|  |
|  |
|  |
|  |
|  |
|  |

### 3. 教师点评

请同学们将专业教师的点评信息记录在表 2–51 中。

表 2–51　讨论记录表

| 教师点评信息 |
| --- |
|  |
|  |
|  |
|  |
|  |
|  |

## 任务拓展

图 2-41 所示为皮带运输设备的轴承座，为了在满足使用要求的前提下，提高皮带运输设备的装配效率，需要对皮带运输设备进行装配仿真。装配仿真前需完成轴承座三维模型创建。

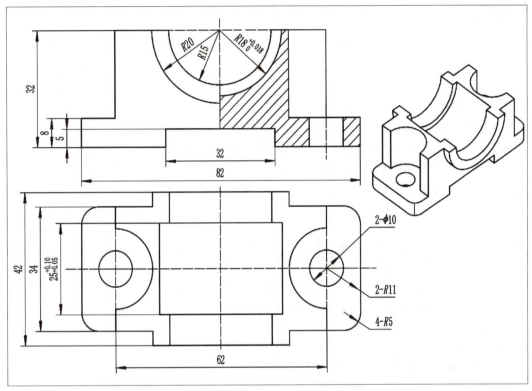

图 2-41 轴承座工程图

假设你是该项目的工程师，请利用 UG NX 12.0 三维建模软件完成轴承座的创建，要求见表 2-52。

表 2-52 轴承座建模要求

| 序号 | 要求 |
| --- | --- |
| 1 | 选择 XZ 平面完成轴承座实体草图绘制 |
| 2 | 选择轴承座实体前表面绘制 R20 草图 |
| 3 | 运用拉伸指令完成轴承座模型创建 |
| 4 | 运用常规孔指令创建 R11 孔特征 |
| 5 | 运用常规孔指令创建 $\phi 10$ 孔特征 |
| 6 | 轴承座模型尺寸需严格按照图纸创建 |
| 7 | 请同学们将建好的模型上传到超星网络教学平台中 |
| 8 | 请同学们根据轴承座建模评分要求进行相互评分 |

# 项目三　变位机模块三维建模

### 德育目标

1. 培养学生养成勤俭节约、珍惜资源的良好习惯；
2. 培养学生树立良好的职业道德，增强对中华民族文化的认同感；
3. 培养学生团结的意识，提高学生的文化自信；
4. 引导学生加强中国特色社会主义制度学习，增强学生的道路自信。

### 知识目标

1. 熟悉"抽壳""拔模""凸起"等指令的应用；
2. 理解不同指令的功能和使用的环境；
3. 掌握"RFID读写器上盖""通信接头"等模型的创建方法；
4. 了解UG NX 12.0三维模型创建的工艺流程。

### 技能目标

1. 能够熟练使用抽壳、拔模、凸起等指令快速完成相关3D建模；
2. 能够根据模型的结构，合理选用抽壳、拔模、凸台等指令快速完成建模；
3. 能够合理规划各结构建模的先后顺序；
4. 能根据需求灵活创建基准面，构建建模基准。

### 知识链接

## 1　抽壳

抽壳特征操作是把一个实体零件按规定的厚度沿某一表面挖空，变成外壳体。抽壳特征操作是建立壳体零件的重要特征操作。

单击"特征操作"面组中的"抽壳"按钮，或选择"菜单"→"插入"→"偏置/缩放"→"抽壳"命令，系统弹出如图3-1所示的"抽壳"对话框。该对话框提供了两种抽壳方式："移除面，然后抽壳"和"对所有面抽壳"。

### 1.1　移除面，然后抽壳

"移除面，然后抽壳"是指选取一个面为穿透面，并以所选取的面为开口面，和内部实体一起被抽掉，剩余的面以默认的厚度或替换厚度形成腔体的薄壁。要创建该类型抽壳特征，应首先指定抽壳厚度，然后选取实体中某个表面为移除面，即可获得抽壳特征，如图3-2（a）所示。在"备选厚度"选项组中可以为所选表面指定不同壁厚，如图3-2（b）所示，可单独指定某表面的抽壳厚度为2，其他面厚度为4。

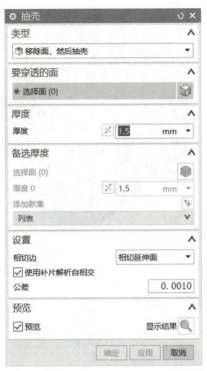
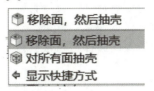

图 3-1 "抽壳"对话框

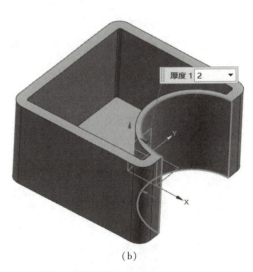

(a)　　　　　　　　　　　　　　(b)

图 3-2　无备选（a）和有备选（b）厚度移除面抽壳

### 1.2　对所有面抽壳

"对所有面抽壳"是指按某个指定的厚度，在不穿透实体表面的情况下挖空实体，即创建中空的实体。该抽壳方式与"移除面，然后抽壳"的不同之处在于："移除面，然后抽壳"是选取移除面进行抽壳操作，而该方式是选取实体进行抽壳操作，如图 3-3 所示。

提示：在设置抽壳厚度时，输入的厚度值可正可负，但其绝对值必须大于抽壳的公差值，否则将出错。

## 2 拔模

拔模主要是对实体的某个面沿一定方向，以一定角度创建特征，使得特征在一定方向上有一定的斜度。此外，单一平面、圆柱面以及曲面都可以建立拔模特征。

单击"特征"面组中的"拔模"按钮，或选择"菜单"→"插入"→"细节特征"→"拔模"命令，系统弹出如图3-4所示的"拔模"对话框。在拔模实体时，首先选择拔模类型，再按步骤选择对象，并设置拔模参数，单击"确定"按钮，即可完成对实体的拔模。

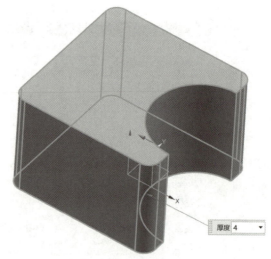

图3-3 对所有面抽壳

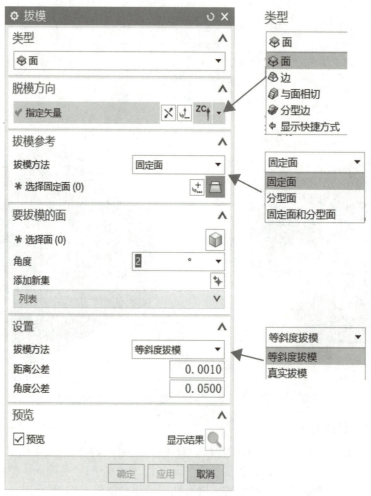

图3-4 "拔模"对话框

拔模类型有如下四种:

(1) 面　该类型用于从参考点所在平面开始,在拔模方向设置一定的拔模角度,对指定的实体表面进行拔模。操作过程中,需要设置拔模方向、固定平面和要拔模的面。

(2) 边　该拔模类型用于从一系列实体边缘开始,在拔模方向设置一定的拔模角度,对指定的实体进行拔模,尤其适用于所选实体边缘不共面的情况。"边"拔模效果如图 3-5 所示。

图 3-5　"边"拔模效果

(3) 与面相切　该类型用于在拔模方向设置一定的拔模角度,对实体进行拔模,使拔模面相切于指定的实体表面。该类型适用于对相切表面拔模后要求仍然保持相切的情况。操作过程中,需要设置拔模方向和相切面。"与面相切"拔模效果如图 3-6 所示。

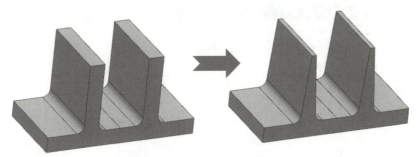

图 3-6　"与面相切"拔模效果

(4) 分型边　该类型用于从参考点所在平面开始,在拔模方向设置一定的拔模角度,沿指定的分割边缘对实体进行拔模,适用于实体中部具有特殊形状的情况。操作过程中,需要设置拔模方向、固定平面和分型边。"分型边"拔模效果如图 3-7 所示。

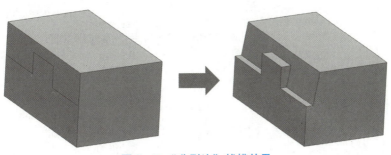

图 3-7　"分型边"拔模效果

"拔模"对话框中其他选项的说明如下。

(1) "脱模方向"选项组　该选项组用于指定拔模方向,可以通过"矢量对话框"按钮或者"指定矢量"下拉列表中的选项指定拔模方向。"反向"按钮用于改变矢量方向。

(2) "拔模参考"选项组　该选项组中的"拔模方法"下拉列表中有"固定面""分型面"和"固定面和分型面"三个选项。

"固定面":该方法用于指定实体拔模的参考面。在拔模过程中,实体在该参考面上的截面曲线不发生变化。

"分型面":该方法用于固定分型面拔模。包含拔模面与固定面的相交曲线将用作计算该拔模的参考。要拔模的面将在与固定面相交处进行细分。

"固定面和分型面":该方法用于从固定面向分型面拔模。包含拔模面与固定面的相交曲线将用作计算该拔模的参考。要拔模的面将在与分型面相交处进行细分。

(3) "要拔模的面"选项组　用于选择要拔模的面。此选项组仅在使用"固定平面"拔模方法时可用。所选的拔模方向不能与任何拔模表面的法向平行。当进行实体外表面的拔模时,若拔模角度大于0°,则沿拔模方向向内拔模,否则,沿拔模方向向外拔模;当进行实体内表面的拔模时,情况与拔模外表面时刚好相反。

## 3　凸起

凸起是在平面或曲面上创建平面的或自用曲面的凸台,凸起形状和凸起顶面可以自定义。

单击"特征"面组中的"凸起"按钮,或选择"菜单"→"插入"→"设计特征"→"凸起"命令,系统弹出如图3-8所示的"凸起"对话框。各选项组的含义介绍如下。

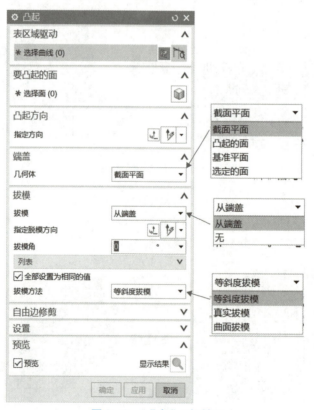

图3-8　"凸起"对话框

(1)"表区域驱动"选项组  确定凸起的基本形状。根据目标上或目标外的封闭曲线集、边缘集或草图,在平面或其他面上创建。该截面通常是平的,但也可以是3D的,可以选择一个图来指定截面。

(2)"要凸起的面"选项组  在其上创建凸起的曲面(或曲面集),也可以选择一个面来指定目标。

(3)"凸起方向"选项组  指定凸起的方向。

(4)"端盖"选项组  端盖定义凸起特征的限制"地板"或"天花板"。该选项组中的"几何体"下拉列表中有"截面平面""凸起的面""基准平面"和"选定的面"四个选项。

截面平面:在选定的截面处创建端盖,效果如图3-9所示。

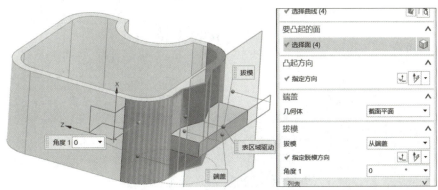

图3-9  "截面平面"端盖效果

凸起的面:从选定用于凸起的面创建端盖,效果如图3-10所示。

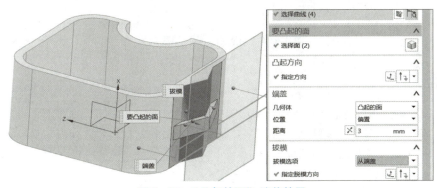

图3-10  "凸起的面"端盖效果

基准平面:从选定的基准平面创建端盖,效果如图3-11所示。

选定的面:从选定的面创建端盖,面可以来自不同的体,效果如图3-12所示(实例中选定的面为圆弧面)。

(5)"拔模"选项组  用于创建侧壁的选项,指出截面从何处开始拔模或投影到何处。"拔模"选项包括:"从端盖(从端盖曲面)""从凸起的面""从选定的面""从选定的基准(从基准平面)""从截面"和"无(不从某一位置开始拔模或投影)"。

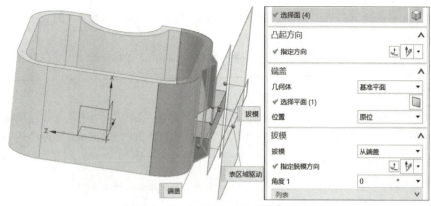

图 3-11 "基准平面"端盖效果

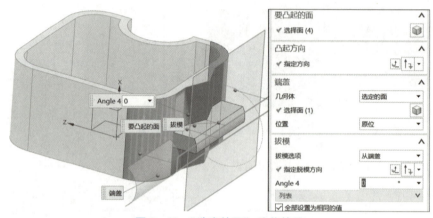

图 3-12 "选定的面"端盖效果

## 4 阵列面

"阵列面"命令可以复制矩形阵列、圆形阵列中的一组面,并将其添加到体。单击"特征"面组中的"阵列面"按钮,或选择"菜单"→"插入"→"关联复制"→"阵列面"命令,系统弹出如图 3-13 所示的"阵列面"对话框。

### 4.1 线性阵列

线性阵列功能可以将所有阵列实例面呈直线或矩形排列。线性阵列既可以是二维的(在 XC 和 YC 方向上,即多行),也可以是一维的(在 XC 或 YC 方向上,即单行)。

(1)"方向 1"选项组 用于设置阵列第一方向的参数。线性阵列可以沿两个方向进行阵列,根据实际情况,选择"方向 2",默认只启用"方向 1"。"指定矢量"选项用于设置第一方向的矢量方向。

(2)"方向 2"选项组 用于设置阵列第二方向的参数。

(3)"间距"选项组 用于指定间距方式。"间距"下拉列表中有"数量和间隔""数量和跨距""节距和跨距"和"列表"几个选项。"数量和间隔"用于指定个数和每两个对象之间距离;"数量和跨距"用于指定个数以及第一个对象和最后一个对象之间的距离;"节距和跨距"用于指定两个对象之间的距离以及第一个和最后一个之间的距离;"列表"通过添加集的形式控

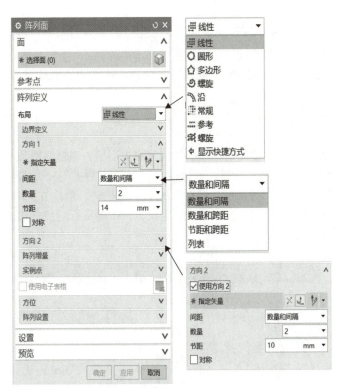

图 3-13 "阵列面"对话框

制每两个对象之间的距离。

（4）"对称"选型组　选中"对称"复选项可以选择对象为边界进行两个方向阵列，该功能用于确定某些图纸中的基准位置。对称标注、对称阵列对这种图形的创建十分有效。

### 4.2 圆形阵列

圆形阵列常用于环体、盘类零件上重复特征的创建，该操作用于以环形阵列的形式来复制所选的模型结构面，阵列后的面所对应的模型结构呈圆周分布。

"阵列定义"对话框如图 3-14 所示，在"阵列定义"选项组下的"布局"下拉列表中选择"圆形"，"数量"文本框用于输入阵列中成员特征的总数目；"节距角"文本框用于输入相邻两个成员面之间的环绕间隔角度。

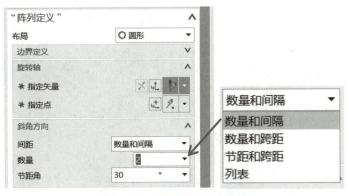

图 3-14 "阵列定义"对话框

### 4.3 其他阵列方式

"多边形"选项将一个或多个选定特征面按照绘制好的多边形图样生成阵列;"螺旋式"选项将一个或多个选定特征面按照绘制好的螺旋线图样生成阵列;"沿"选项将一个或多个选定特征面按照绘制好的曲线图样生成阵列;"常规"选项将一个或多个选定特征面在指定点处生成阵列。

## 5 槽

槽在各类机械零件中也是很常见的,槽的类型包括矩形槽、球形端槽和U形槽。

单击"特征"面组中的"槽"按钮,或选择"菜单"→"插入"→"设计特征"→"槽"命令,系统弹出图3-15所示的"槽"对话框。要在实体上创建槽,一般先在"槽"对话框中选择槽类型,然后指定槽放置面,设置槽参数,最后用定位方式中的平行定位方式确定槽在实体上的位置,即可创建所需要的槽。

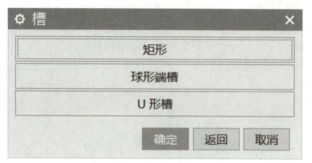

图3-15 "槽"对话框

### 5.1 矩形槽

单击"槽"对话框中的"矩形"按钮,系统弹出如图3-16所示的"矩形槽"对话框。选择矩形槽放置面,系统弹出如图3-17所示的"矩形槽"参数对话框,在文本框中输入相应参数,单击"确定"按钮。系统弹出如图3-18所示的"矩形槽"定位界面,设定目标边和刀具边(目标边和刀具边根据用户需要选择,不固定,旨在对槽定位)。完成定位后,单击"确定"按钮,即可在实体上按指定参数创建矩形环形槽,建模效果如图3-21所示。

图3-16 "矩形槽"对话框    图3-17 "矩形槽"参数对话框

### 5.2 球形端槽

在实体上创建球形端环形槽的操作与创建矩形环形槽相类似,球形端槽的"编辑参数"对话框如图3-19所示,建模效果如图3-21所示。

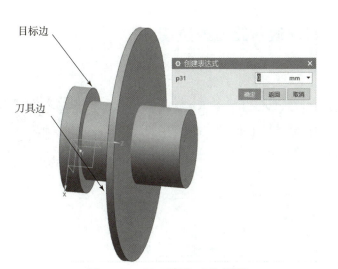
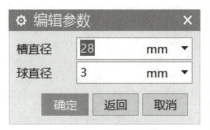

图 3-18 "矩形槽"定位界面

图 3-19 球形端槽的"编辑参数"对话框

### 5.3 U 形槽

在实体上创建 U 形环形槽的操作与创建矩形环形槽类似。U 形槽对话框如图 3-20 所示，建模效果如图 3-21 所示。

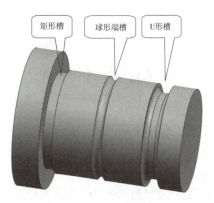

图 3-20 U 形槽的"编辑参数"对话框

图 3-21 三类槽建模效果

项目三　变位机模块三维建模

## 任务一 RFID 读写器上盖建模

### 任务简介

某企业接到了《工业机器人应用编程》1+X 证书考核平台生产任务,该平台中有变位翻转模块,模块中有一个 RFID 读写器,其外壳是通过注塑生产的。为保证 RFID 读写器外壳注塑的质量,现需要对其外壳进行建模分析,其上盖的二维工程图如图 3-22 所示。

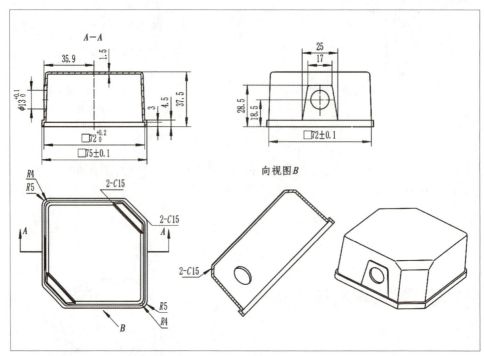

图 3-22 RFID 读写器上盖工程图

假设你是负责该项目的工程师,请你利用 UG NX 12.0 三维建模软件完成 RFID 读写器上盖零件的三维模型创建。实训任务要求见表 3-1。

表 3-1 RFID 读写器上盖建模要求

| 序号 | 要求 |
| --- | --- |
| 1 | 三维模型每一个位置尺寸都应严格按照工程图要求执行 |
| 2 | 外壳主体的拔模斜度通过拔模指令完成 |
| 3 | 外壳的空腔通过抽壳指令完成 |
| 4 | 外壳的斜角通过边倒角指令完成 |
| 5 | 外壳的圆角通过边倒圆指令完成 |
| 6 | 外壳的凸出安装平台通过凸起指令完成 |
| 7 | 外壳的孔结构通过孔指令完成 |

138　　UG 数字化设计全实例教程

### 实训分组

实训任务分配表见表3-2。

表3-2 实训任务分配表

| 组长 | | 学号 | | 电话 | |
|---|---|---|---|---|---|
| 专业教师 | | | 企业导师 | | |
| 组员 | 姓名：_____<br>姓名：_____<br>姓名：_____ | 学号：_____<br>学号：_____<br>学号：_____ | | 姓名：_____<br>姓名：_____<br>姓名：_____ | 学号：_____<br>学号：_____<br>学号：_____ |
| 小组成员任务分工 | | | | | |
| | | | | | |

### 任务咨询

请同学们利用网络资源和图书资源，查阅关于UG NX 12.0 三维建模软件使用方法，熟悉UG NX 12.0 软件拔模、抽壳、凸起等指令的使用方法，掌握变位机模块中RFID读写器上盖的建模方法，并将查询的相关信息填写在表3-3~表3-5中。

表3-3 任务咨询网站信息

| 序号 | 查询网站名称 | 查询网站网址 |
|---|---|---|
| 1 | | |
| 2 | | |
| 3 | | |

表3-4 任务咨询图书信息

| 序号 | 查询图书名称 | 查询图书范围 |
|---|---|---|
| 1 | | |
| 2 | | |
| 3 | | |

表3-5 任务咨询信息整理

| 信息记录 |
|---|
| |
| |
| |

项目三 变位机模块三维建模 139

**学习笔记**

**任务计划**

请同学们根据任务简介要求,结合任务咨询结果,制订一份关于变位机模块中 RFID 读写器上盖 3D 模型创建计划书,并将相关信息填写在表 3-6 中。

表 3-6 RFID 读写器上盖 3D 模型创建计划书

| 任务名称 | |
|---|---|
| 任务流程图 | |
| 任务指令 | |
| | |
| | |
| | |
| 任务注意事项 | |
| | |
| | |
| | |
| | |

## 操作步骤

变位机模块中的 RFID 读写器上盖模型创建步骤见表 3–7。

**表 3–7　RFID 读写器上盖建模操作步骤**　　RFID 读写器上盖建模

| 序号 | 图片展示 | 说明 |
|---|---|---|
| 1 | | 创建模型文件：<br>1）打开软件，按 Ctrl + N 组合键，弹出如图所示窗口。<br>2）单击①"模型"，指定②文件名，指定③"文件夹"的存放位置，单击④"确定"按钮。 |
| 2 | | 创建圆柱基体：<br>1）创建□75×4.5 方形基体：单击①，选择任一基准平面创建草图，绘制□75。单击②，指定拉伸方向。单击③，指定拉伸距离为 4.5。<br>2）创建□72×33 方形基体：单击④，选择□75 基体上平面创建草图，绘制□72。单击⑤，指定拉伸方向。单击⑥，指定拉伸距离为 33。 |
| 3 | | 创建倒斜角：<br>1）单击①后，依次选定需要倒斜角的边。<br>2）单击②，指定偏置面类型为对称。<br>3）单击③，指定倒角偏置距离为 15。 |

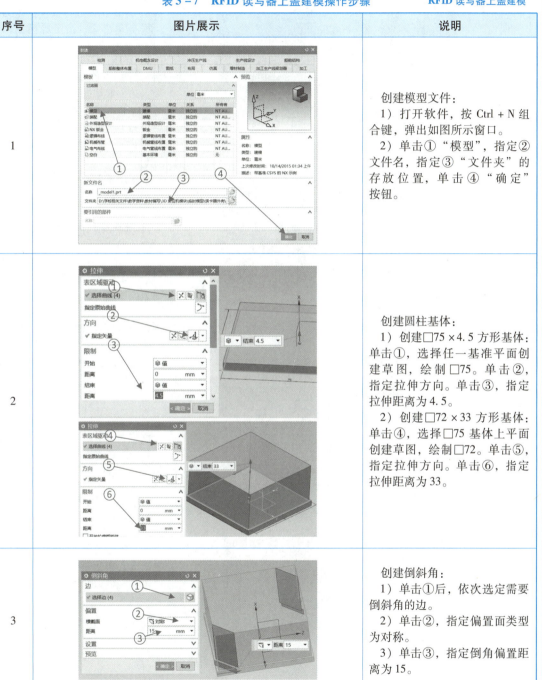

项目三　变位机模块三维建模　141

续表

| 序号 | 图片展示 | 说明 |
|---|---|---|
| 4 | 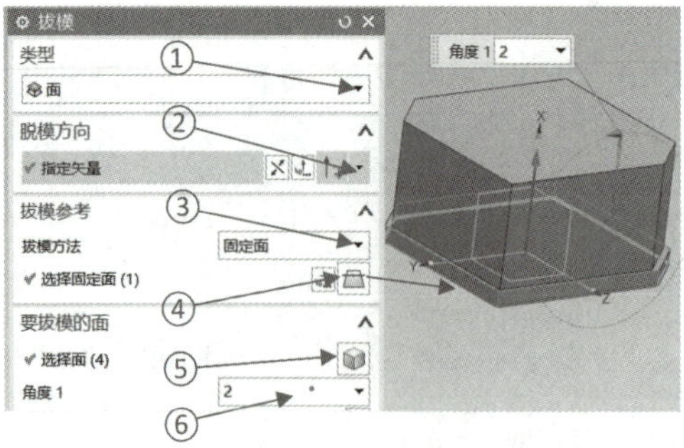  | 创建拔模斜面1：<br>创建□75×4.5方形基体拔模斜度：<br>1）单击①，选择拔模类型为"面"。单击②，指定脱模方向（图示 $X$ 轴正方向）。<br>2）单击③，指定拔模参考为"固定面"；单击④，选择固定面（拔模起始底面）。<br>3）单击⑤，选择需拔模的面；单击⑥，指定拔模斜度为2°。 |
| 5 | 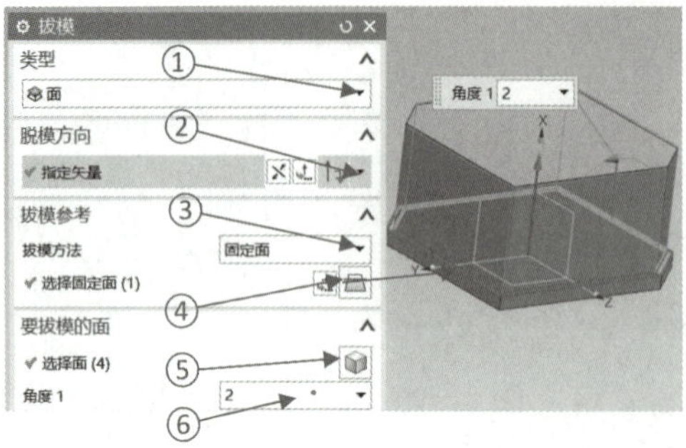  | 创建拔模斜面2：<br>创建□72×33方形基体拔模斜度：<br>1）单击①，选择拔模类型为"面"；单击②，指定脱模方向。<br>2）单击③，指定拔模参考为"固定面"；单击④，选择固定面为□75基体上表面。<br>3）单击⑤，选择需拔模的面；单击⑥，指定拔模斜度为2°。 |
| 6 | 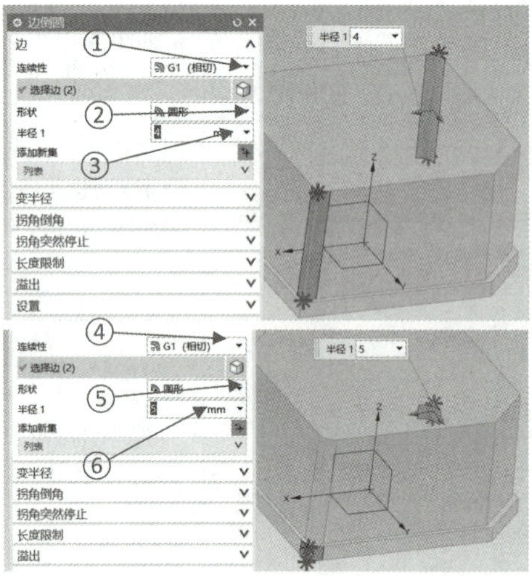  | 创建 $R4$、$R5$ 圆角：<br>1）创建 $R4$ 圆角：单击①，指定连续性为"相切"；单击②，指定形状为"圆形"；单击③，指定圆弧半径为4。<br>2）创建 $R5$ 圆角：与创建 $R4$ 一样的步骤，在相同的位置单击④，指定连续性为"相切"；单击⑤，指定形状为"圆形"；单击⑥，指定圆弧半径为"5"。 |

续表

| 序号 | 图片展示 | 说明 |
|---|---|---|
| 7 | 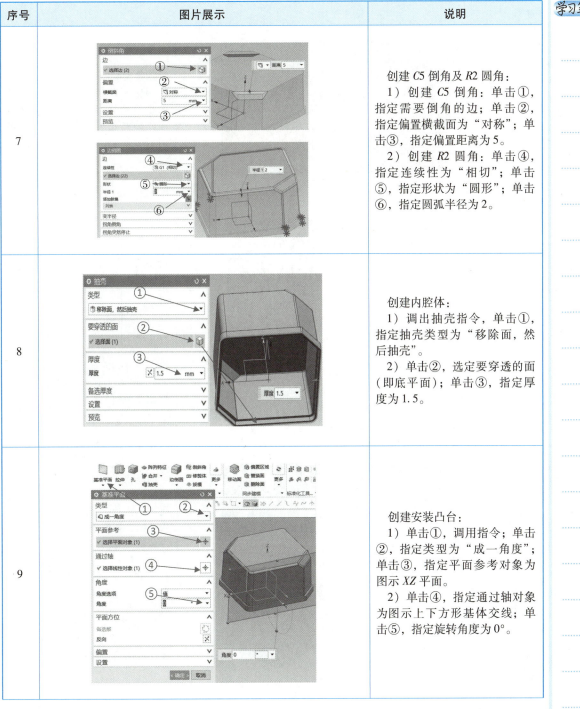 | 创建 C5 倒角及 R2 圆角：<br>1) 创建 C5 倒角：单击①，指定需要倒角的边；单击②，指定偏置横截面为"对称"；单击③，指定偏置距离为 5。<br>2) 创建 R2 圆角：单击④，指定连续性为"相切"；单击⑤，指定形状为"圆形"；单击⑥，指定圆弧半径为 2。 |
| 8 | | 创建内腔体：<br>1) 调出抽壳指令，单击①，指定抽壳类型为"移除面，然后抽壳"。<br>2) 单击②，选定要穿透的面（即底平面）；单击③，指定厚度为 1.5。 |
| 9 | | 创建安装凸台：<br>1) 单击①，调用指令；单击②，指定类型为"成一角度"；单击③，指定平面参考对象为图示 XZ 平面。<br>2) 单击④，指定通过轴对象为图示上下方形基体交线；单击⑤，指定旋转角度为 0°。 |

项目三 变位机模块三维建模 143

续表

| 序号 | 图片展示 | 说明 |
|---|---|---|
| 10 | 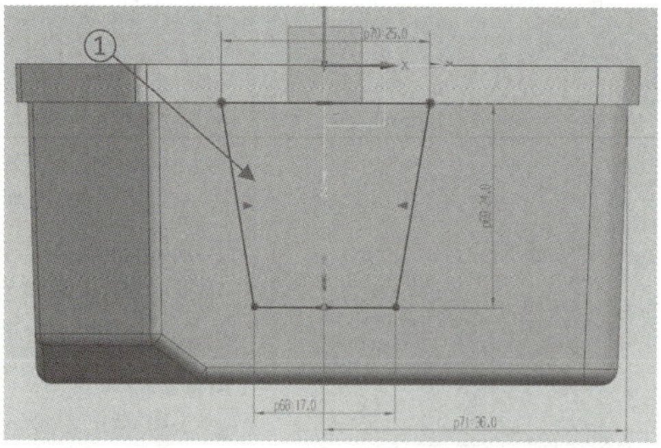 | 创建安装凸台：<br>调用草图指令，选择上一步创建的基准平面创建草图，并完成凸台轮廓的草图绘图，如图中①所示。 |
| 11 | 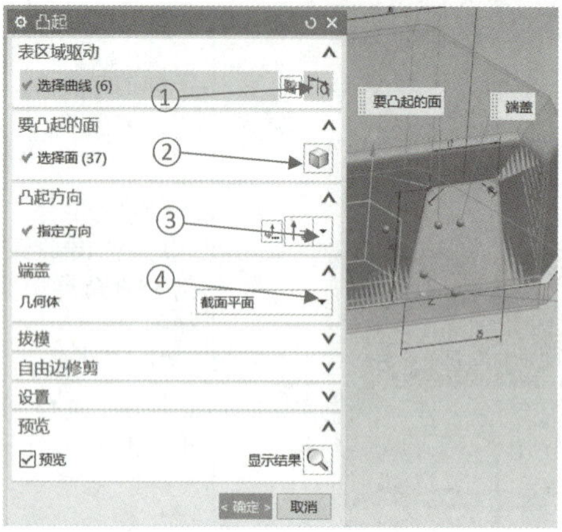 | 创建安装凸台：<br>1）调出凸台指令，单击①，指定表面域驱动为上一步创建的草图。<br>2）单击②，指定要凸起的面为壳体表面。<br>3）单击③，指定凸起方向为指向壳体表面的方向。<br>4）单击④，指定端盖几何体为截面平面。 |
| 12 | 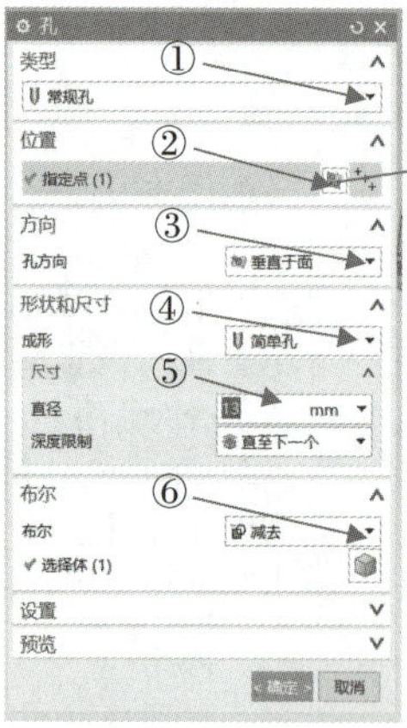 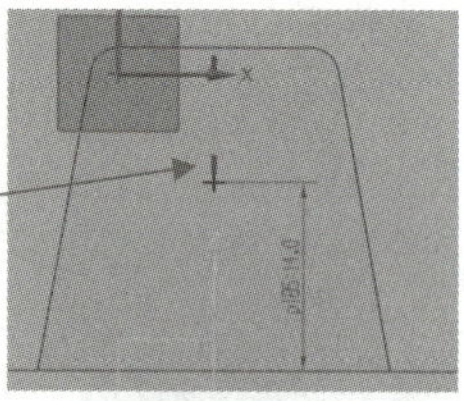 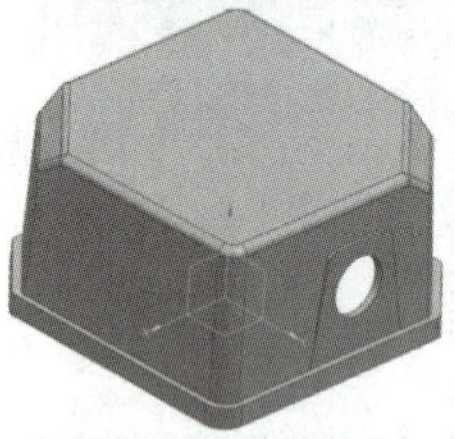 | 创建孔：<br>1）单击①，指孔类型为常规孔；单击②，选择凸台平面进入草图，指定安装孔中心点位，距台阶高度为14。<br>2）单击③，指定孔方向为垂直于面；单击④，指定形状成形为简单孔；单击⑤，指尺寸直径为13。<br>3）单击⑥，指定布尔操作为"减去"，单击"确定"按钮完成孔的创建。 |

**任务实施**

请同学们根据任务计划阶段做的创建计划书,并结合操作步骤的内容,利用 UG NX 12.0 三维建模软件,完成 RFID 读写器 3D 模型的创建,并将建好的模型上传到超星网络教学平台。在实训过程中请将问题、解决办法以及心得体会记录在表 3-8 中。

表 3-8 实训过程记录表

| | |
|---|---|
| 实训中出现的问题 | |
| 实训问题解决办法 | |
| 实训心得体会 | |

项目三 变位机模块三维建模

## 任务检查

完成建模任务之后，请找两位同学（一位来自小组内，一位来自小组外）为你的作品评分，同时，在超星平台中查看企业导师与专业教师的评分情况，并根据老师、导师以及同学的评分情况修订作品。评分表见表 3-9。

表 3-9　RFID 读写器上盖建模评分表

| 姓名 | | 学号 | | 得分 | | |
|---|---|---|---|---|---|---|
| 序号 | 检查内容及标准 | 配分 | 组内评分 | 组外评分 | 导师评分 | 教师评分 |
| 1 | 新建模型文件正确得 10 分 | 10 | | | | |
| 2 | 创建方形基体特征正确得 10 分 | 10 | | | | |
| 3 | 创建倒角特征正确得 10 分 | 10 | | | | |
| 4 | 创建拔模特征正确得 10 分 | 10 | | | | |
| 5 | 创建抽壳特征正确得 10 分 | 10 | | | | |
| 6 | 创建凸台特征正确得 30 分 | 30 | | | | |
| 7 | 创建孔特征正确得 5 分 | 5 | | | | |
| 8 | 实训过程中未违反课题规章制度得 2 分 | 2 | | | | |
| 9 | 按照实训设备使用规程操作设备得 5 分 | 5 | | | | |
| 10 | 按时参加学习，无迟到、早退得 3 分 | 3 | | | | |
| 11 | 实训过程中能主动帮助同学得 5 分 | 5 | | | | |
| | 合计总分 | 100 | | | | |
| 评分评语 | | | | | | |
| 评分人员签字 | | | | | | |

注意：本项目组内评分占 20%，组外评分占 20%，企业导师评分占 30%，专业课教师评分占 30%。

**思政沙龙**

### 1. 活动讨论

RFID 读写器外壳是通过抽壳命令完成建模的,但模型壁厚参数不能设置得过大或者过小,过大将造成物品生产材料浪费,过小将不能保证物品质量。下面请同学们讨论一下,物体壁厚与哪些因素有关,将讨论信息记录在表 3-10 中。

表 3-10 讨论记录表

| 讨论信息 |
|---|
|  |
|  |
|  |
|  |
|  |
|  |

### 2. 导师点评

利用 QQ、微信、学习通 APP 等聊天软件连线企业导师,倾听导师对同学们完成该项目情况的点评,将点评信息记录在表 3-11 中。

表 3-11 导师点评记录表

| 导师点评信息 |
|---|
|  |
|  |
|  |
|  |
|  |
|  |
|  |
|  |

### 3. 教师点评

请同学们将专业教师的点评信息记录在表 3-12 中。

表 3-12 教师点评记录表

| 教师点评信息 |
|---|
|  |
|  |
|  |
|  |
|  |
|  |

**任务拓展**

某企业接到循环水箱控制器上盖的制作任务,现需要对其进行三维建模,分析其机械结构是否满足使用要求,以便于后续加工。其工程图如图 3-23 所示。

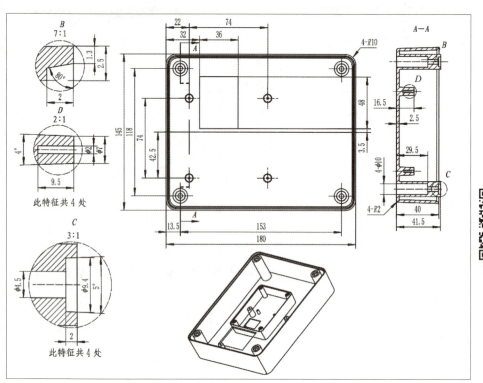

图 3-23  循环水箱控制器上盖工程图

假设你是负责该项目的工程师,请你利用 UG NX 12.0 三维建模软件完成循环水箱控制器上盖零件的三维模型创建(见表 3-13)。

表 3-13  循环水箱控制器上盖建模要求

| 序号 | 要求 |
| --- | --- |
| 1 | 三维模型每一个位置尺寸都应严格按照平面图要求执行 |
| 2 | 外壳主体的拔模斜度通过拔模指令完成 |
| 3 | 外壳的空腔通过抽壳指令完成 |
| 4 | 外壳的斜角通过边倒角指令完成 |
| 5 | 外壳的圆角通过边倒圆指令完成 |
| 6 | 外壳的 48×36 空腔通过凸起指令完成 |
| 7 | 外壳的孔结构通过孔指令完成 |
| 8 | 请同学们将建好的模型上传到超星网络教学平台中 |
| 9 | 请同学们根据超星平台中的循环水箱控制器上盖建模评分要求进行评分 |

## 任务二　通信接头建模

### 任务简介

某企业接到了《工业机器人应用编程》1+X证书考核平台生产任务，现需要对平台中变位机模块的通信接头零件进行生产加工，为了保证加工质量，满足客户要求，该企业现需对该零件进行建模分析。通信接头的二维工程图如图3-24所示。

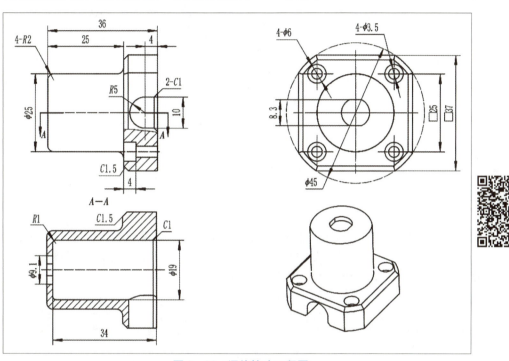

图3-24　通信接头工程图

假设你是负责该项目的工程师，请你利用UG NX 12.0三维建模软件完成通信接头零件的三维模型创建，实训任务要求见表3-14。

表3-14　通信接头建模要求

| 序号 | 要求 |
| --- | --- |
| 1 | 三维模型每一个位置尺寸都应严格按照工程图要求执行 |
| 2 | 零件主要基体通过拉伸指令完成 |
| 3 | 零件的草图定位需要使用竖直对齐、点在曲线上等约束指令完成 |
| 4 | 零件的扁方结构通过拉伸指令完成 |
| 5 | 零件沉头孔通过孔指令完成 |
| 6 | 零件的其余扁方结构和沉头孔通过阵列面指令一次阵列完成 |
| 7 | 零件的圆角通过边倒圆指令完成 |
| 8 | 在建模过程中，需要考虑各结构的创建顺序和不同的创建方法 |

### 实训分组

实训任务分配表见表 3-15。

表 3-15 实训任务分配表

| 组长 | | 学号 | | 电话 | |
|---|---|---|---|---|---|
| 专业教师 | | | 企业导师 | | |
| 组员 | 姓名：_____ 姓名：_____ 姓名：_____ | 学号：_____ 学号：_____ 学号：_____ | | 姓名：_____ 姓名：_____ 姓名：_____ | 学号：_____ 学号：_____ 学号：_____ |
| 小组成员任务分工 | | | | | |
| | | | | | |

### 任务咨询

请同学们利用网络资源和图书资源，查阅关于 UG NX 12.0 三维建模软件使用方法，熟悉 UG NX 12.0 软件拔模、抽壳、凸起等指令的使用方法，掌握变位机模块中通信接头的建模流程，并将查询的相关信息填写在表 3-16 ~ 表 3-18 中。

表 3-16 任务咨询网站信息

| 序号 | 查询网站名称 | 查询网站网址 |
|---|---|---|
| 1 | | |
| 2 | | |
| 3 | | |

表 3-17 任务咨询图书信息

| 序号 | 查询图书名称 | 查询图书范围 |
|---|---|---|
| 1 | | |
| 2 | | |
| 3 | | |

表 3-18 任务咨询信息整理

| 信息记录 |
|---|
| |
| |
| |

## 任务计划

请同学们根据任务简介要求,结合任务咨询结果,制订一份关于皮带传送模块中的皮带传动轴模型创建计划书,并将相关信息填写在表3–19中。

表3–19 皮带传动轴模型创建计划书

| 任务名称 | |
|---|---|
| 任务流程图 | |
| 任务指令 | |
| 任务注意事项 | |

项目三 变位机模块三维建模

变位机模块中的通信接头模型创建其操作步骤如表 3-20 所示。

表 3-20　通信接头模型创建步骤

通信接头建模

| 序号 | 图片展示 | 说明 |
|---|---|---|
| 1 | | 创建模型文件：<br>1）打开软件，按 Ctrl + N 组合键，弹出如图所示窗口。<br>2）单击①"模型"，②指定文件名，③指定"文件夹"的存放位置，单击④"确定"按钮。 |
| 2 | | 创建圆柱基体：<br>1）创建 $\phi 45$ 圆柱：单击①，选择 XY 基准平面创建草图，绘制 $\phi 45$ 外圆；单击②，指定拉伸方向为 ZC；单击③，指定拉伸距离为 12。<br>2）创建 $\phi 25$ 圆柱：单击④，选择 $\phi 45$ 端平面创建草图；单击⑤，指定拉伸方向为 ZC；单击⑥，指定拉伸距离为 25。<br>3）创建 $\phi 19$ 圆柱内孔：单击⑦，选择 $\phi 45$ 端平面创建草图；单击⑧，指定拉伸方向为 ZC；单击⑨，指定拉伸距离为 34，布尔运算为"减去"。 |

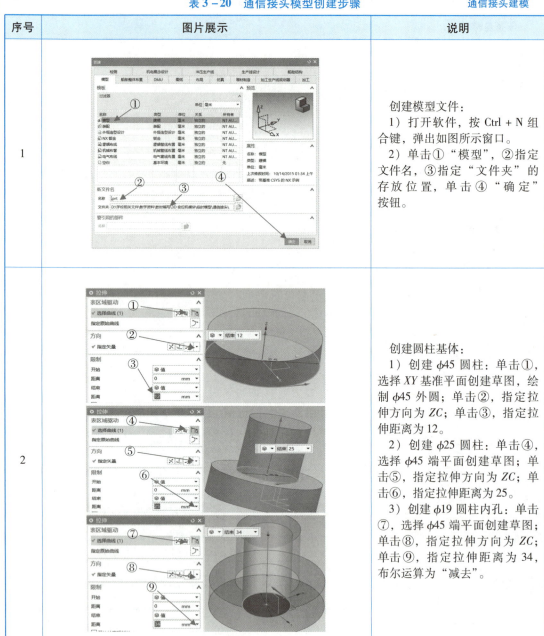

续表

| 序号 | 图片展示 | 说明 |
|---|---|---|
| 3 | | 创建出线孔：<br>1）单击①，选择 $\phi25$ 圆柱端面创建穿线孔口截面草图；单击②，指定拉伸方向。<br>2）单击③，指定拉伸距离，开始为 0，结束为贯通；单击④，指定布尔运算为"减去"。 |
| 4 | | 创建单个扁方平面：<br>1）单击①，选择 $\phi45$ 圆柱端面创建扁方草图，单击②，指定拉伸方向。<br>2）单击③，指定拉伸距离，开始为 0，结束为贯通；单击④，指定布尔运算为"减去"。 |
| 5 | | 创建单个沉头孔：<br>1）单击①，指定类型为"常规孔"；单击②，选择 $\phi45$ 圆柱端面进入草图孔位置所在点。<br>2）单击③，指定孔的方向；单击④，指定孔的形状为沉头；单击⑤，指定沉头孔参数。 |
| 6 | | 创建沉头孔和扁方平面：<br>1）单击①，选取扁方及沉孔表面；单击②，指定阵列布局为"圆形"。<br>2）单击③，指定 ZC 轴为旋转轴；单击④，指定坐标轴原点为指定点。<br>3）单击⑤，指定阵列参数，数量为 4，节距角为 90°。 |

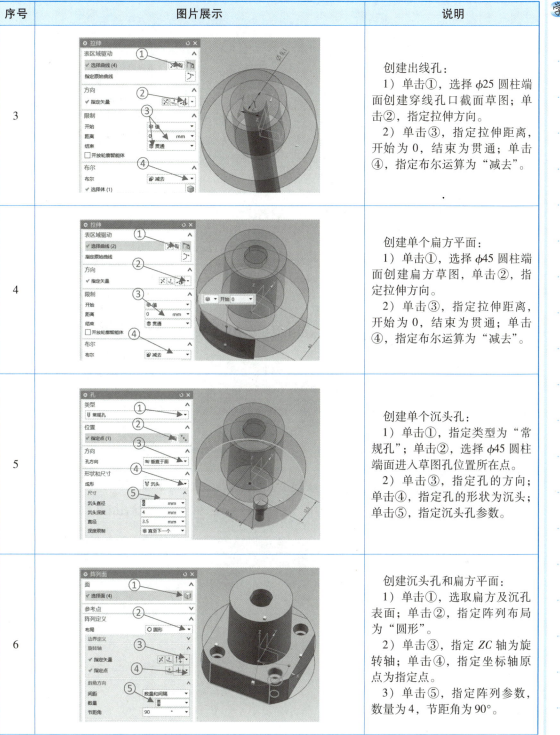

项目三 变位机模块三维建模　153

续表

| 序号 | 图片展示 | 说明 |
|---|---|---|
| 7 | | 创建腰形槽：<br>单击①，选择扁方端面创建腰形槽草图；单击②，指定拉伸方向；单击③，指定拉伸距离，开始为0，结束为直至下一个。 |
| 8 | | 创建 $C1$、$C1.5$ 倒斜角：<br>1）创建 $C1$ 倒斜角：单击①，指定需要倒斜角的边；单击②，指定偏置面类型为"对称"；单击③，指定倒角大小为1。<br>2）创建 $C1.5$ 倒斜角：单击④，指定需要倒斜角的边；单击⑤，指定偏置面类型为"对称"；单击⑥，指定倒角大小为1.5。 |
| 9 | | 创建边倒圆 $R2$：<br>调出边倒圆指令，单击①，指定边为连续性、相切；单击②，指定所需倒圆的边；单击③，指定圆角的半径为2。 |

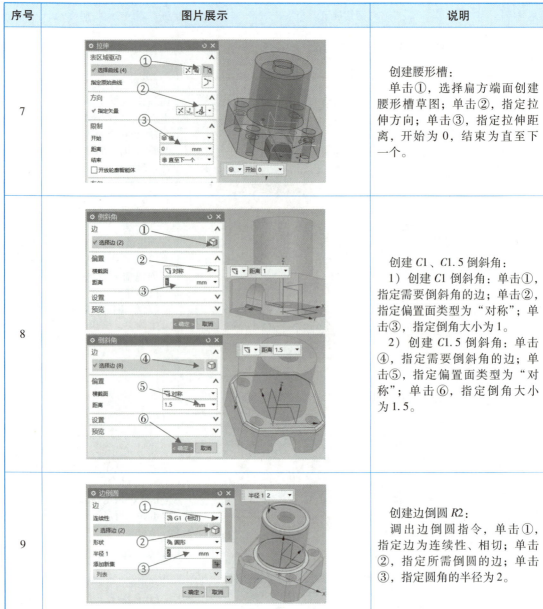

**任务实施**

请同学们根据任务计划阶段做的创建计划书,并结合操作步骤的内容,利用 UG NX 12.0 三维建模软件,完成通信接头三维模型的创建,并将建好的模型上传到超星网络教学平台。在实训过程中,请将问题、解决办法以及心得体会记录在表 3-21 中。

表 3-21 实训过程记录表

| | |
|---|---|
| 实训中出现的问题 | |
| 实训问题解决办法 | |
| 实训心得体会 | |

**学习笔记**

**学习笔记**

**任务检查**

完成建模任务之后,请找两位同学(一位来自小组内,一位来自小组外)为你的作品评分,同时,在超星平台中查看企业导师与专业教师的评分情况,并根据老师、导师以及同学的评分情况修订作品。评分表见表 3-22。

表 3-22 通信接头建模评分表

| 姓名 | | 学号 | | 得分 | | | |
|---|---|---|---|---|---|---|---|
| 序号 | 检查内容及标准 | | 配分 | 组内评分 | 组外评分 | 导师评分 | 教师评分 |
| 1 | 新建模型文件正确得 10 分 | | 10 | | | | |
| 2 | 创建圆柱基体特征正确得 10 分 | | 10 | | | | |
| 3 | 创建出线孔特征正确得 10 分 | | 10 | | | | |
| 4 | 创建单个扁方平面特征正确得 10 分 | | 10 | | | | |
| 5 | 创建沉头孔特征正确得 10 分 | | 10 | | | | |
| 6 | 创建阵列面特征正确得 30 分 | | 30 | | | | |
| 7 | 创建腰形槽、倒角特征正确得 5 分 | | 5 | | | | |
| 8 | 实训过程中未违反课题规章制度得 2 分 | | 2 | | | | |
| 9 | 按照实训设备使用规程操作设备得 5 分 | | 5 | | | | |
| 10 | 按时参加学习,无迟到、早退得 3 分 | | 3 | | | | |
| 11 | 实训过程中能主动帮助同学得 5 分 | | 5 | | | | |
| | 合计总分 | | 100 | | | | |
| 评分评语 | | | | | | | |
| 评分人员签字 | | | | | | | |

注意:本项目组内评分占 20%,组外评分占 20%,企业导师评分占 30%,专业课教师评分占 30%。

**思政沙龙**

### 1. 活动讨论

线性阵列面创建成功的关键之一是矢量方向的确定,圆形阵列面创建成功的关键之一是中心轴的确定。请同学们讨论以下两个问题:

(1) 国庆大阅兵的时候,解放军的各种队列为什么可以站得十分整齐?结合阵列面的创建过程对其进行分析。

(2) 我国的国旗图标中,小五角星如何通过阵列画出来呢?这几颗五角星分别代表什么寓意呢?

将讨论信息记录在表 3-23 中。

表 3-23 讨论记录表

| 讨论信息 |
| --- |
|  |
|  |
|  |
|  |
|  |
|  |

### 2. 导师点评

利用 QQ、微信、学习通 APP 等聊天软件连线企业导师,倾听导师对同学们完成该项目情况的点评,将点评信息记录在表 3-24 中。

表 3-24 导师点评记录表

| 导师点评信息 |
| --- |
|  |
|  |
|  |
|  |

### 3. 教师点评

请同学们将专业教师的点评信息记录在表 3-25 中。

表 3-25 教师点评记录表

| 教师点评信息 |
| --- |
|  |
|  |
|  |
|  |

项目三 变位机模块三维建模

某企业接到制作一个转运夹具的生产加工任务，生产前，企业想先建一个三维模型，验证其合理性，其中夹具的放置板工程图如图 3-25 所示。

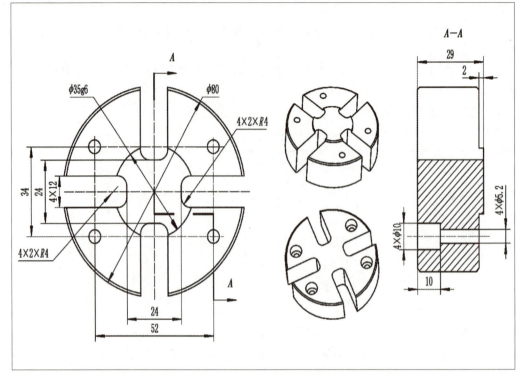

图 3-25　放置板工程图

假设你是负责该项目的工程师，请你利用 UG NX 12.0 三维建模软件完成夹具的放置板的三维模型创建（见表 3-26）。

表 3-26　夹具的放置板建模要求

| 序号 | 要求 |
| --- | --- |
| 1 | 三维模型每一个位置尺寸都应严格按照平面图要求执行 |
| 2 | 零件主要基体通过拉伸指令完成 |
| 3 | 零件的草图定位需要使用竖直对齐、点在曲线上等约束指令完成 |
| 4 | 零件的腰槽结构通过拉伸指令完成 |
| 5 | 零件沉头孔通过孔指令完成 |
| 6 | 零件其余的腰槽和沉头孔通过阵列面指令一次阵列完成 |
| 7 | 零件的斜角通过倒斜角指令完成 |
| 8 | 零件的圆角通过边倒圆指令完成 |
| 9 | 请同学们将建好的模型上传到超星网络教学平台中 |
| 10 | 请同学们根据超星平台中夹具的放置板建模评分要求进行相互评分 |

## 任务三　联轴器建模

### 任务简介

某企业接到了《工业机器人应用编程》1+X 证书考核平台生产任务，现需要对变位机模块中的联轴器进行三维建模，联轴器的二维工程图如图 3-26 所示。

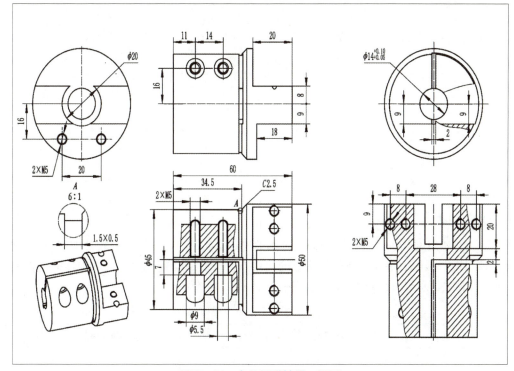

图 3-26　变位机联轴器工程图

假设你是负责该项目的工程师，请你利用 UG NX 12.0 三维建模软件完成联轴器零件的三维模型创建，实训任务要求见表 3-27。

表 3-27　变位机联轴器建模要求

| 序号 | 要求 |
| --- | --- |
| 1 | 三维模型每一个位置尺寸都应严格按照工程图要求执行 |
| 2 | 零件主要基体通过旋转指令完成 |
| 3 | 零件的草图定位需要使用竖直对齐、点在曲线上等约束指令完成 |
| 4 | 零件的 L 形变形槽通过双向拉伸一次切除完成 |
| 5 | 零件沉头孔通过孔指令完成 |
| 6 | 零件的其余沉头孔通过阵列面指令一次阵列完成 |
| 7 | 零件的轴肩矩形沟槽通过槽指令完成 |
| 8 | 在建模过程中，需要考虑各结构的创建顺序和不同的创建方法 |

项目三　变位机模块三维建模

## 实训分组

实训任务分配表见表 3-28。

表 3-28　实训任务分配表

| 组长 | | 学号 | | 电话 | |
|---|---|---|---|---|---|
| 专业教师 | | | 企业导师 | | |
| 组员 | 姓名：_____<br>姓名：_____<br>姓名：_____ | 学号：_____<br>学号：_____<br>学号：_____ | 姓名：_____<br>姓名：_____<br>姓名：_____ | 学号：_____<br>学号：_____<br>学号：_____ | |
| 小组成员任务分工 | | | | | |
| | | | | | |

## 任务咨询

请同学们利用网络资源和图书资源，查阅关于 UG NX 12.0 三维建模软件使用方法，熟悉 UG NX 12.0 软件拔模、抽壳、凸起等指令的使用方法，掌握变位机模块中联轴器的建模方法，并将查询的相关信息填写在表 3-29 ~ 表 3-31 中。

表 3-29　任务咨询网站信息

| 序号 | 查询网站名称 | 查询网站网址 |
|---|---|---|
| 1 | | |
| 2 | | |
| 3 | | |

表 3-30　任务咨询图书信息

| 序号 | 查询图书名称 | 查询图书范围 |
|---|---|---|
| 1 | | |
| 2 | | |
| 3 | | |

表 3-31　任务咨询信息整理

| 信息记录 |
|---|
| |
| |
| |

## 任务计划

请同学们根据任务简介要求,结合任务咨询结果,制订一份关于联轴器三维模型创建计划书,并将相关信息填写在表 3-32 中。

表 3-32　联轴器模型创建计划书

| 任务名称 | |
|---|---|
| 任务流程图 | |
| 任务指令 | |
| 任务注意事项 | |

## 操作步骤

变位机模块中的联轴器三维模型创建步骤见表 3-33。

**表 3-33　联轴器三维模型创建步骤**　　　　联轴器建模

| 序号 | 图片展示 | 说明 |
|---|---|---|
| 1 | 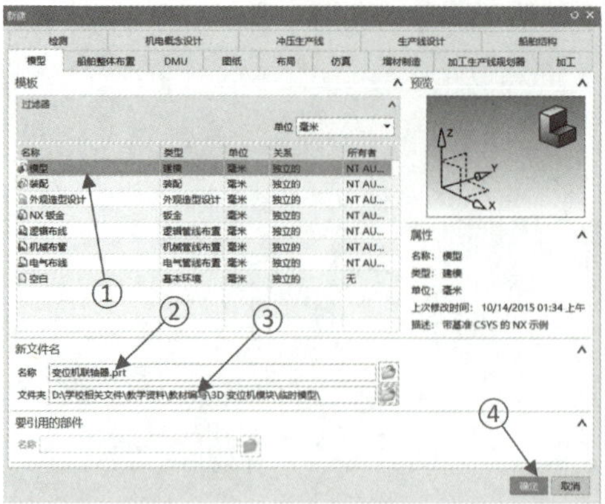 | 创建模型文件：<br>1）打开软件，按 Ctrl + N 组合键，弹出如图所示窗口。<br>2）单击①"模型"，指定②文件名，在"文件夹"③处指定存放位置，单击④"确定"按钮。 |
| 2 | 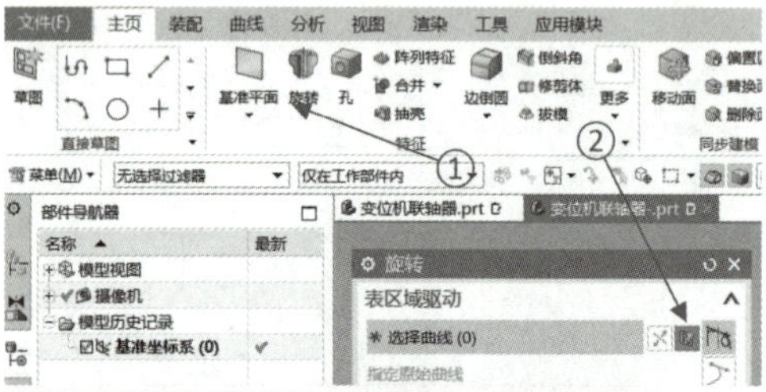 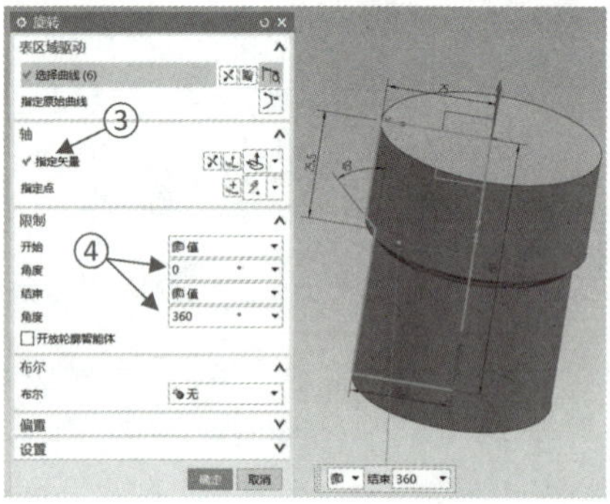 | 创建圆柱基体：<br>1）单击①"旋转"按钮调出旋转指令，单击②"绘制草图"按钮，进入草图绘制界面，完成旋转截面草图绘制。<br>2）单击③"指定矢量"，以确定旋转轴，单击④相应区域，指定开始角度为 0°，结束角度为 360°。 |

162　■　UG 数字化设计全实例教程

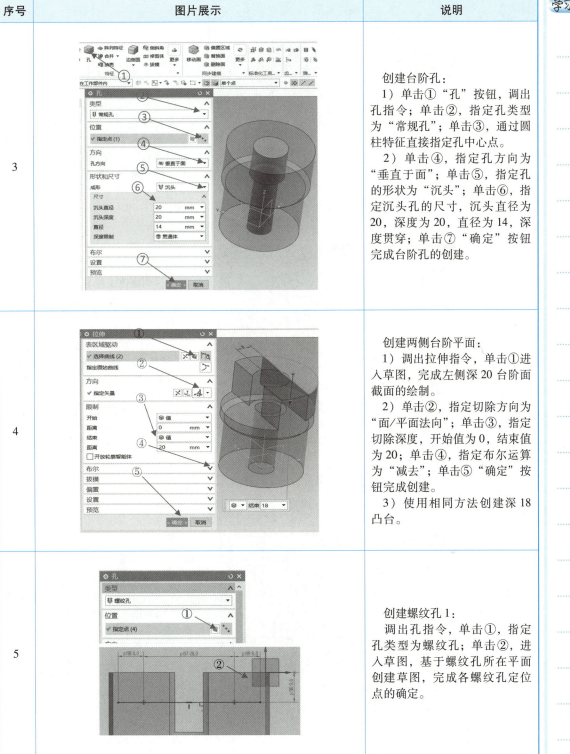

续表

| 序号 | 图片展示 | 说明 |
|---|---|---|
| 6 | 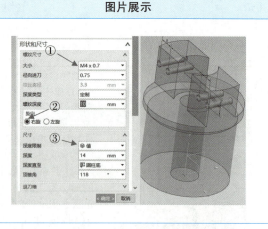 | 创建螺纹孔2：<br>单击①螺纹尺寸区域各对应位置，指定大小为 M4 × 0.7，螺纹深度为10；单击②，指定旋向为右旋；单击③尺寸区域各对应位置，指定深度为14，顶锥角为118°。 |
| 7 | 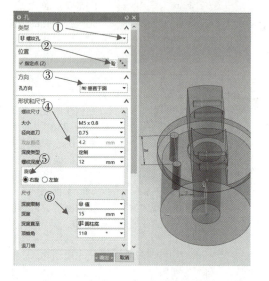 | 创建螺纹孔3：<br>1）单击①，指定孔类型为"螺纹孔"；单击②进入草图，完成各螺纹孔定位点的确定。<br>2）单击③，指定孔方向为"垂直于面"；单击④区域各位置，指定螺纹大小为M5，螺纹深度为12。<br>3）单击⑤，指定旋向为右旋；单击⑥尺寸区域各对应位置，指定深度为15，顶锥角为118°。 |
| 8 | 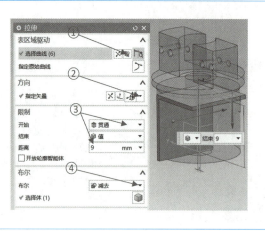 | 创建抱箍变形槽：<br>1）调出拉伸指令，单击①进入草图，完成槽截面的绘制。<br>2）单击②，指定拉伸正方向；单击③对应区域，指定开始为"贯通"，结束为"9"。单击④指定布尔操作为"减去"。 |

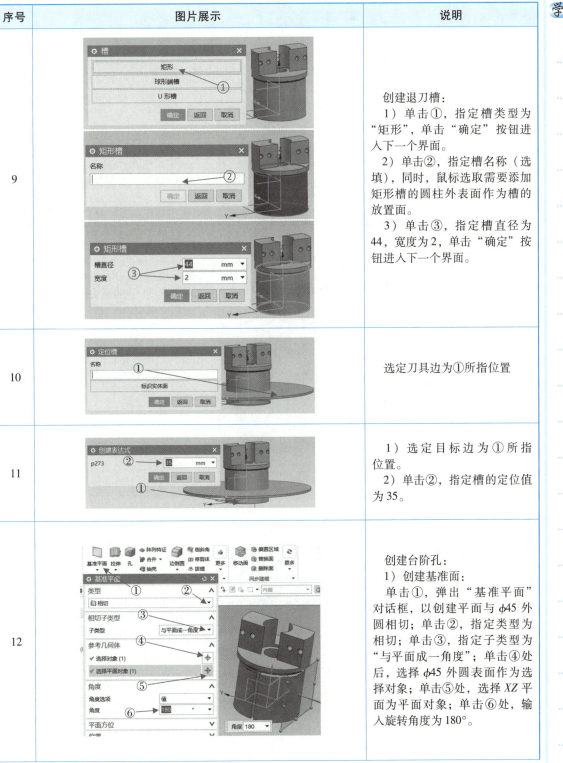

续表

| 序号 | 图片展示 | 说明 |
|---|---|---|
| 12 | 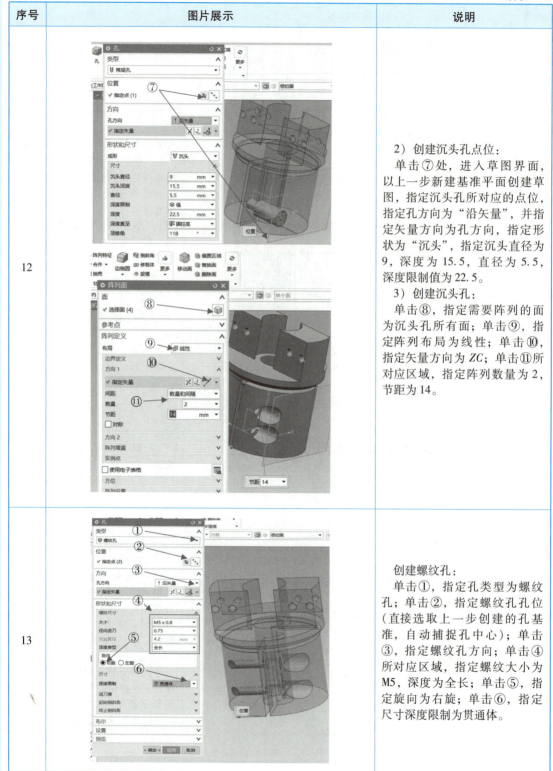 | 2）创建沉头孔点位：<br>单击⑦处，进入草图界面，以上一步新建基准平面创建草图，指定沉头孔所对应的点位，指定孔方向为"沿矢量"，并指定矢量方向为孔方向，指定形状为"沉头"，指定沉头直径为9，深度为15.5，直径为5.5，深度限制值为22.5。<br>3）创建沉头孔：<br>单击⑧，指定需要阵列的面为沉头孔所有面；单击⑨，指定阵列布局为线性；单击⑩，指定矢量方向为ZC；单击⑪所对应区域，指定阵列数量为2，节距为14。 |
| 13 |  | 创建螺纹孔：<br>单击①，指定孔类型为螺纹孔；单击②，指定螺纹孔孔位（直接选取上一步创建的孔基准，自动捕捉孔中心）；单击③，指定螺纹孔方向；单击④所对应区域，指定螺纹大小为M5，深度为全长；单击⑤，指定旋向为右旋；单击⑥，指定尺寸深度限制为贯通体。 |

**任务实施**

请同学们根据任务计划阶段做的创建计划书,并结合操作步骤的内容,利用 UG NX 12.0 三维建模软件,完成联轴器三维模型的创建,并将建好的模型上传到超星网络教学平台。在实训过程中,请将问题、解决办法以及心得体会记录在表 3-34 中。

表 3-34 实训过程记录表

| | |
|---|---|
| 实训中出现的问题 | |
| 实训问题解决办法 | |
| 实训心得体会 | |

## 任务检查

完成联轴器建模任务之后，请找两位同学（一位来自小组内，一位来自小组外）为你的作品评分，同时，在超星平台中查看企业导师与专业教师的评分情况，并根据老师、导师以及同学的评分情况修订作品。评分表见表3-35。

表3-35 联轴器建模评分表

| 姓名 | | 学号 | | 得分 | | | |
|---|---|---|---|---|---|---|---|
| 序号 | 检查内容及标准 | 配分 | 组内评分 | 组外评分 | 导师评分 | 教师评分 |
| 1 | 新建模型文件正确得10分 | 10 | | | | |
| 2 | 创建圆基体特征正确得10分 | 10 | | | | |
| 3 | 创建台阶平面特征正确得15分 | 15 | | | | |
| 4 | 创建抱箍槽特征正确得15分 | 15 | | | | |
| 5 | 创建矩形槽特征正确得15分 | 15 | | | | |
| 6 | 创建台阶孔特征正确得15 | 15 | | | | |
| 7 | 创建螺纹孔特征正确得5分 | 5 | | | | |
| 8 | 实训过程中未违反课题规章制度得2分 | 2 | | | | |
| 9 | 按照实训设备使用规程操作设备得5分 | 5 | | | | |
| 10 | 按时参加学习，无迟到、早退得3分 | 3 | | | | |
| 11 | 实训过程中能主动帮助同学得5分 | 5 | | | | |
| 合计总分 | | 100 | | | | |
| 评分评语 | | | | | | |
| 评分人员签字 | | | | | | |

注意：本项目组内评分占20%，组外评分占20%，企业导师评分占30%，专业课教师评分占30%。

**思政沙龙**

## 1. 活动讨论

联轴器在机械传递过程中起到的是连接运动机构和传递动力的作用,是机械正常运行的重要保证。大家讨论一下,我国这么大一套"机械",是如何做到高效运作,让国民生活幸福的呢?哪些角色起到了"国家机器"的"联轴器"作用?将讨论信息记录在表 3 – 36 中。

表 3 – 36　讨论记录表

| 讨论信息 |
|---|
|  |
|  |
|  |
|  |
|  |

## 2. 导师点评

利用 QQ、微信、学习通 APP 等聊天软件连线企业导师,倾听导师对同学们完成该项目情况的点评,将点评信息记录在表 3 – 37 中。

表 3 – 37　导师点评记录表

| 导师点评信息 |
|---|
|  |
|  |
|  |
|  |
|  |
|  |

## 3. 教师点评

请同学们将专业教师的点评信息记录在表 3 – 38 中。

表 3 – 38　讨论记录表

| 教师点评信息 |
|---|
|  |
|  |
|  |
|  |
|  |
|  |

项目三　变位机模块三维建模

某企业现需制作一个搬运夹具,为了保证夹具质量,同时满足使用要求,制作之前企业希望能用三维模型进行验证,夹具中一个转轴的工程图如图3-27所示。

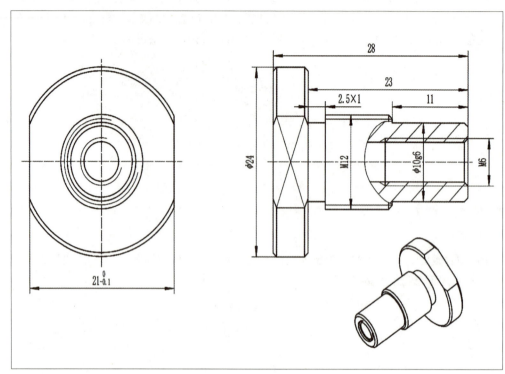

图3-27 转轴工程图

假设你是该项目负责的工程师,请你利用UG NX 12.0三维建模软件完成转轴三维模型的创建,其要求见表3-39。

表3-39 转轴建模要求

| 序号 | 要求 |
| --- | --- |
| 1 | 三维模型每一个位置尺寸都应严格按照平面图要求执行 |
| 2 | 零件主要基体通过旋转指令完成 |
| 3 | 零件的草图定位需要使用竖直对齐、点在曲线上等约束指令完成 |
| 4 | 零件扁方结构通过拉伸指令完成(只做其中一个) |
| 5 | 零件的另一个扁方结构通过阵列面指令阵列完成 |
| 6 | 零件的轴肩矩形沟槽通过槽指令完成 |
| 7 | 零件的斜角通过倒斜角指令完成 |
| 8 | 零件的M12外螺纹通过设计特征中的螺纹刀指令完成 |
| 9 | 请同学们将建好的模型上传到超星网络教学平台中 |
| 10 | 请同学们根据超星平台中的转轴建模评分要求进行相互评分 |

# 项目四　旋转供料模块建模

**德育目标**

1. 引导学生养成良好的职业道德和精益求精的工匠精神；
2. 培养学生团结协作，共同进步的合作意识；
3. 培养学生在失败中不断奋起，永不气馁的意志品质；
4. 引导学生树立恪守标准，敬业负责的职业素养。

**知识目标**

1. 熟悉"约束""尺寸标注"等指令的使用方法；
2. 掌握"阵列特征""镜像特征""扫掠"等指令的功能；
3. 能够实现"管""孔""镜像"等指令的综合应用。

**技能目标**

1. 能正确使用"约束""尺寸标注"等指令功能，完成草图尺寸的标注；
2. 能正确使用"阵列特征""镜像特征""扫掠"等指令完成三维模型的创建；
3. 能正确使用"管""孔"等指令完成三维模型的创建。

**知识链接**

## 1　阵列特征

创建阵列特征是指将选定特征按照给定的规律进行分布，在 UG NX 12.0 中可以创建线性、圆形、多边形、螺旋形、沿曲线、常规、参考等形式的阵列，见表 4-1。

表 4-1　阵列特征的类型

| 线性阵列 | 圆形阵列 | 多边形阵列 |
| --- | --- | --- |
|  |  | |

| 螺旋线阵列 | 沿曲线阵列 | 空间螺旋线阵列 |
|---|---|---|
| 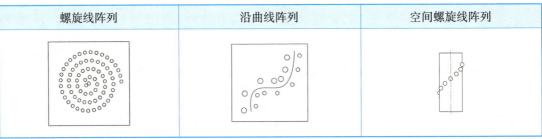 | | |

图4-1 "阵列特征"对话框

在主菜单工具栏中选择"插入"→"关联复制"→"阵列特征"命令,或在"特征"工具条中单击"阵列特征"图标按钮,系统弹出"阵列特征"对话框,如图4-1所示,以线性和圆形阵列为例。

### 1.1 线性阵列

单击主菜单的"阵列特征"图标,弹出"阵列特征"对话框。"选择特征"选择小圆柱,布局选择"线性"。方向1,"指定矢量"选择边界1,数量输入4,节距20;方向2,"指定矢量"选择边界2,数量输入5,节距15;单击"确定"按钮。结果如图4-2所示。

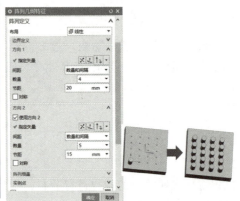

图4-2 线性阵列

### 1.2 圆形阵列

单击主菜单"插入"→"关联复制"→"阵列几何特征"或选择工具栏"对特征形成图样"图标,系统弹出"阵列几何特征"对话框。"选择对象"选择小圆柱,"布局"选择"圆形"。旋转轴选择Z轴,指定点选择原点,数量输入12,节距角输入30,单击"确定"按钮。结果如图4-3所示。

## 2 镜像特征

"镜像特征"可以将选择的一个或多个特征沿指定的平面产生一个镜像体。可以选择菜单"插入"→"关联复制"→"镜像特征",或单击"特征"工具栏"镜像特征"工具按钮,弹出"镜像特征"对话框,如图4-4所示。

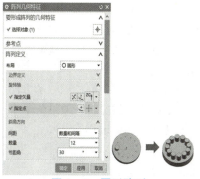

图 4-3 圆形阵列

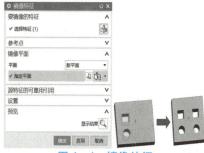

图 4-4 镜像特征

## 3 扫掠

使用扫掠命令可通过沿一条、两条或三条引导线串扫掠一个或多个截面，来创建实体或片体。截面线串要求不多于 150 条，引导线串 1~3 条，另外，可以根据需要选择 1 条脊柱线串。"扫掠"对话框如图 4-5 所示。

可以选择菜单"插入"→"扫掠"→"扫掠"，或者单击"曲面"工具栏"扫掠"工具按钮，系统弹出"扫掠"对话框。

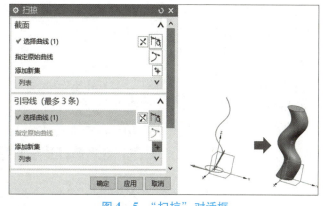

图 4-5 "扫掠"对话框

1）截面位置。只有选择一个截面时，该选项才可用，如果截面在引导线的中间，这些选项可以更改产生的扫掠。

2）截面之间的插值方式。只有选择多个截面时，选项才可用。

3）对齐方式。确定截面线串的对齐方式。

参数：沿定义曲线将等参数曲线所通过的点以相等的参数间隔隔开进行对齐。

弧长：沿定义曲线将等参数曲线将要通过的点以相等的弧长间隔隔开进行对齐。

根据点：对齐不同形状的截面线串之间的点。如果截面线串包含任何尖角，则建议使用"根据点"来保留它们。

4）定向方式。这个选项在只有一条引导线的情况下可用，用于控制截面沿引导线扫掠时的方位。

固定：可在截面线串引导线移动时保持固定的方位，并且结果是平行的或平移的简单扫掠。

项目四 旋转供料模块建模 173

面的法向：在扫掠过程中，可使截面的 Y 轴和选择面的法线方向对齐。

矢量：在扫掠过程中，截面的 Y 轴始终和选择的矢量方向一致。

另一曲线：通过连接引导线上相应的点和其他曲线获取截面 Y 轴的方向。

一个点：与"另一曲线"相似。

角度规律：通过定义角度规律来确定截面扫掠过程中的方向。

强制方向：用于在截面线串沿引导线串扫掠时，通过矢量来固定剖切平面方位。

下面通过螺旋扫掠来介绍扫掠特征的创建过程。

①新建文件"螺旋扫掠"，在"曲面"工具栏上选择"扫掠"工具，系统弹出"扫掠"对话框。

②定义截面线串。在"截面"选项组激活"选择曲线"选项，在图形窗口中选择矩形作为截面。

③单击鼠标中键两次，结束截面选择，进入"引导线"选项组。

④定义引导线串。在"引导线"选项组激活"选择曲线"选项，在图形窗口中选择螺旋线作为引导线。

⑤定义定位方式。在"定位方法"下设"方向"列表选项为"矢量"，在矢量列表中选择 ZC 轴。

⑥在"截面"选项组中选中"保留形状"选项。

⑦单击"确定"按钮，完成扫掠特征的创建。

### 4 筋板

筋板是指通过拉伸一个平的截面以实体相交来添加薄壁筋板或网格筋板。在"特征"工具栏中单击"筋板"按钮，系统弹出"筋板"对话框，如图 4-6 所示。

图 4-6 "筋板"对话框

### 5 管

使用"管"命令可沿中心线路径（具有外径及内径选项）扫掠出一个圆形横截面的实体，使用此命令可来创建线扎、线束、布管、电缆或管组件。在主菜单工具栏中选择"插入"→"扫掠"→"管"命令，或在"特征"工具栏中单击"管"按钮，系统弹出"管"对话框，如图 4-7 所示。

图 4-7 "管"对话框

## 6 修剪体

修剪体可以使用曲面或者基准平面将实体的一部分修剪掉。选择曲面修剪实体时，要求曲面能完全将实体分割成两部分，否则会导致修剪失败。

选择菜单"插入"→"修剪"→"修剪体"，或者单击"特征"工具栏"修剪体"工具按钮，系统将打开"修剪体"对话框，如图 4 – 8 所示。

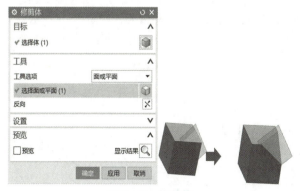

图 4 – 8　修剪体

注意：

执行修剪体命令时，必须至少选择一个目标体。可以从不同的体选择单个面或多个面，或选择基准平面来修剪目标体，也可以定义新平面来修剪目标体。

修剪体与求差布尔运算的差别在于：它使用的工具为面，可以是基准面、实体面或者是新指定的平面。

## 任务一　旋转供料模块托盘建模

### 任务简介

某企业接到《工业机器人应用编程》1+X证书考核平台的生产任务，现需要根据客户提供的二维零件图纸完成旋转供料模块托盘的三维模型的创建，验证其结构的合理性，确保旋转供料模块各部件的顺利装配，如图4-9所示。

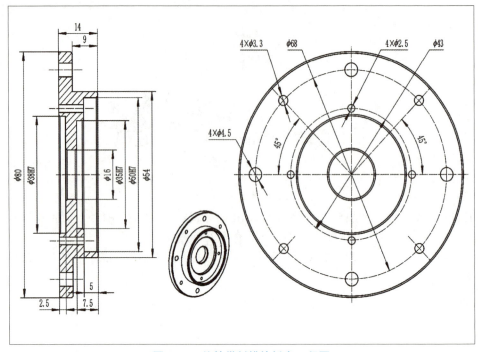

图4-9　旋转供料模块托盘工程图

假设你是负责该项目的工程师，请你利用UG NX 12.0三维建模软件完成旋转供料模块中托盘的创建，实训任务要求见表4-2。

表4-2　旋转供料模块托盘建模要求

| 序号 | 要求 |
| --- | --- |
| 1 | 分析工程图中特征要素的组成，理清绘制图形的先后顺序 |
| 2 | 根据工程图中图形特征位置，选取合适的草图面 |
| 3 | 三维模型每一个位置尺寸都应严格按照工程图要求执行 |
| 4 | 在建模过程中，需要考虑模型装配的定位尺寸 |
| 5 | 用"孔"命令生成 φ4.5、φ2.5 |
| 6 | 用"球坐标"命令生成孔 φ3.3 |
| 7 | 用"阵列特征"命令生成各孔的特征阵列 |
| 8 | 建模过程中，根据装配总图完成各个模块的着色 |

## 实训分组

实训任务分配表见表 4-3。

表 4-3 实训任务分配表

| 组长 | | | 学号 | | 电话 | |
|---|---|---|---|---|---|---|
| 专业教师 | | | | 企业导师 | | |
| 组员 | 姓名：_____ 姓名：_____ 姓名：_____ | 学号：_____ 学号：_____ 学号：_____ | | 姓名：_____ 姓名：_____ 姓名：_____ | 学号：_____ 学号：_____ 学号：_____ | |
| 小组成员任务分工 | | | | | | |
|  | | | | | | |

## 任务咨询

请同学们利用网络资源和图书资源，查阅关于 UG NX 12.0 三维建模软件使用相关知识，熟悉"旋转、埋头孔、常规孔、阵列特征"等指令的功能，找到旋转供料模块托盘建模的方法，并将查询的相关信息填写在表 4-4 ~ 表 4-6 中。

表 4-4 任务咨询网站信息

| 序号 | 查询网站名称 | 查询网站网址 |
|---|---|---|
| 1 | | |
| 2 | | |
| 3 | | |

表 4-5 任务咨询图书信息

| 序号 | 查询图书名称 | 查询图书范围 |
|---|---|---|
| 1 | | |
| 2 | | |
| 3 | | |

表 4-6 任务咨询信息整理

| 信息记录 |
|---|
| |
| |
| |

项目四 旋转供料模块建模

**任务计划**

请同学们根据任务要求，结合任务咨询结果，制订一份关于旋转供料模块托盘模型创建计划书，并将相关信息填写在表4-7中。

表4-7 旋转供料模块托盘模型创建计划书

| 任务名称 | |
|---|---|
| 任务流程图 | |
| 任务指令 | |
| | |
| | |
| | |
| | |
| 任务注意事项 | |
| | |
| | |
| | |
| | |
| | |

## 操作步骤

旋转供料模块中的托盘三维模型创建步骤见表4-8。

表4-8　旋转供料模块托盘三维模型创建步骤　　旋转供料模块托盘建模

| 序号 | 图片展示 | 说明 |
|---|---|---|
| 1 | 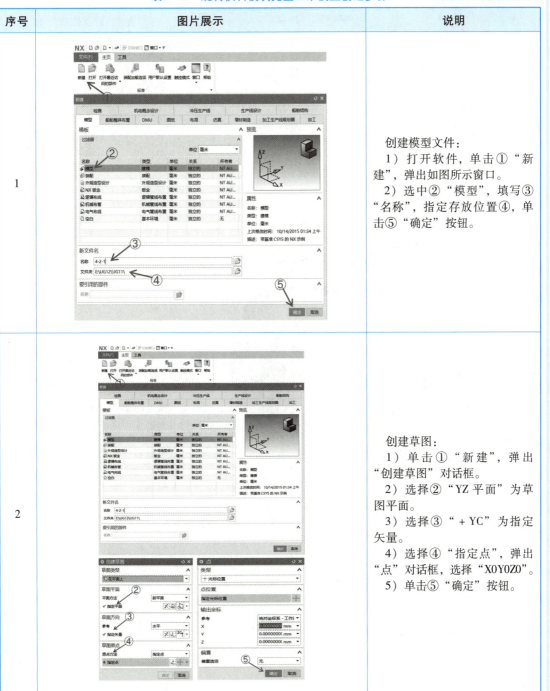 | 创建模型文件：<br>1）打开软件，单击①"新建"，弹出如图所示窗口。<br>2）选中②"模型"，填写③"名称"，指定存放位置④，单击⑤"确定"按钮。 |
| 2 | | 创建草图：<br>1）单击①"新建"，弹出"创建草图"对话框。<br>2）选择②"YZ 平面"为草图平面。<br>3）选择③"+YC"为指定矢量。<br>4）选择④"指定点"，弹出"点"对话框，选择"X0Y0Z0"。<br>5）单击⑤"确定"按钮。 |

项目四　旋转供料模块建模　179

续表

| 序号 | 图片展示 | 说明 |
|---|---|---|
| 3 | 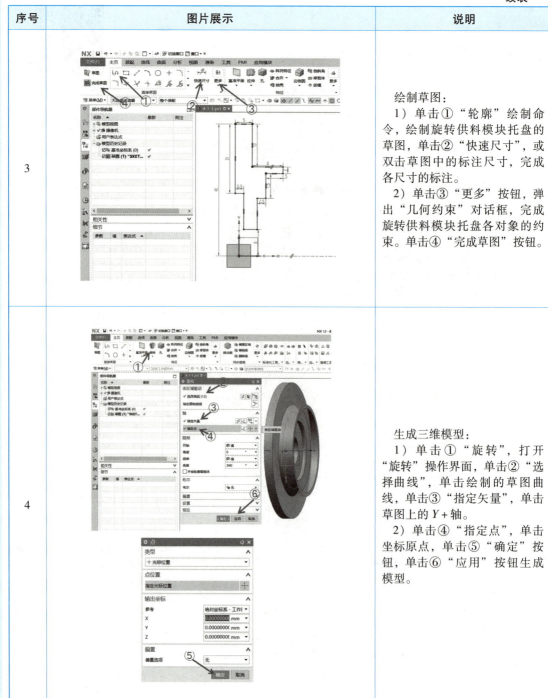 | 绘制草图：<br>1）单击①"轮廓"绘制命令，绘制旋转供料模块托盘的草图，单击②"快速尺寸"，或双击草图中的标注尺寸，完成各尺寸的标注。<br>2）单击③"更多"按钮，弹出"几何约束"对话框，完成旋转供料模块托盘各对象的约束。单击④"完成草图"按钮。 |
| 4 |  | 生成三维模型：<br>1）单击①"旋转"，打开"旋转"操作界面，单击②"选择曲线"，单击绘制的草图曲线，单击③"指定矢量"，单击草图上的 $Y+$ 轴。<br>2）单击④"指定点"，单击坐标原点，单击⑤"确定"按钮，单击⑥"应用"按钮生成模型。 |

续表

| 序号 | 图片展示 | 说明 |
|---|---|---|
| 5 | 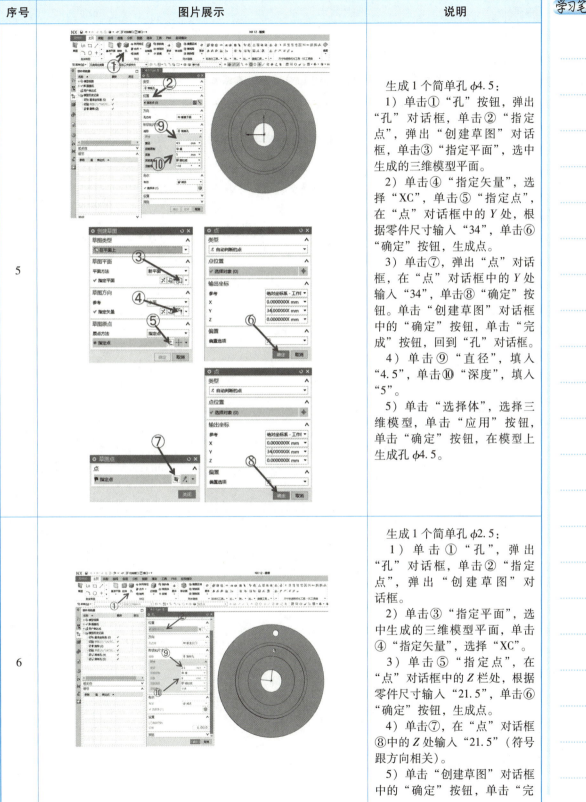 | 生成1个简单孔 $\phi 4.5$：<br>1）单击①"孔"按钮，弹出"孔"对话框，单击②"指定点"，弹出"创建草图"对话框，单击③"指定平面"，选中生成的三维模型平面。<br>2）单击④"指定矢量"，选择"XC"，单击⑤"指定点"，在"点"对话框中的 $Y$ 处，根据零件尺寸输入"34"，单击⑥"确定"按钮，生成点。<br>3）单击⑦，弹出"点"对话框，在"点"对话框中的 $Y$ 处输入"34"，单击⑧"确定"按钮。单击"创建草图"对话框中的"确定"按钮，单击"完成"按钮，回到"孔"对话框。<br>4）单击⑨"直径"，填入"4.5"，单击⑩"深度"，填入"5"。<br>5）单击"选择体"，选择三维模型，单击"应用"按钮，单击"确定"按钮，在模型上生成孔 $\phi 4.5$。 |
| 6 | | 生成1个简单孔 $\phi 2.5$：<br>1）单击①"孔"，弹出"孔"对话框，单击②"指定点"，弹出"创建草图"对话框。<br>2）单击③"指定平面"，选中生成的三维模型平面，单击④"指定矢量"，选择"XC"。<br>3）单击⑤"指定点"，在"点"对话框中的 $Z$ 栏处，根据零件尺寸输入"21.5"，单击⑥"确定"按钮，生成点。<br>4）单击⑦，在"点"对话框⑧中的 $Z$ 处输入"21.5"（符号跟方向相关）。<br>5）单击"创建草图"对话框中的"确定"按钮，单击"完 |

项目四　旋转供料模块建模　181

续表

| 序号 | 图片展示 | 说明 |
|---|---|---|
| 6 | 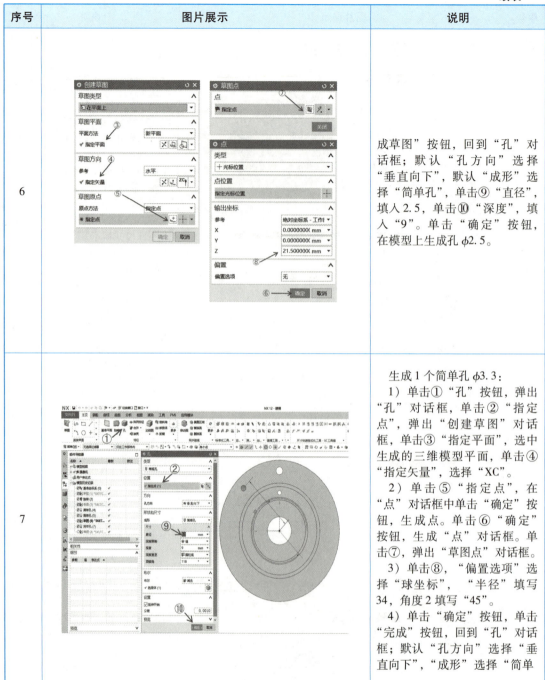 | 成草图"按钮，回到"孔"对话框；默认"孔方向"选择"垂直向下"，默认"成形"选择"简单孔"，单击⑨"直径"，填入 2.5，单击⑩"深度"，填入"9"。单击"确定"按钮，在模型上生成孔 $\phi 2.5$。 |
| 7 | | 生成 1 个简单孔 $\phi 3.3$：<br>1）单击①"孔"按钮，弹出"孔"对话框，单击②"指定点"，弹出"创建草图"对话框，单击③"指定平面"，选中生成的三维模型平面，单击④"指定矢量"，选择"XC"。<br>2）单击⑤"指定点"，在"点"对话框中单击"确定"按钮，生成点。单击⑥"确定"按钮，生成"点"对话框。单击⑦，弹出"草图点"对话框。<br>3）单击⑧，"偏置选项"选择"球坐标"，"半径"填写 34，角度 2 填写"45"。<br>4）单击"确定"按钮，单击"完成"按钮，回到"孔"对话框；默认"孔方向"选择"垂直向下"，"成形"选择"简单 |

续表

| 序号 | 图片展示 | 说明 |
|---|---|---|
| 7 | 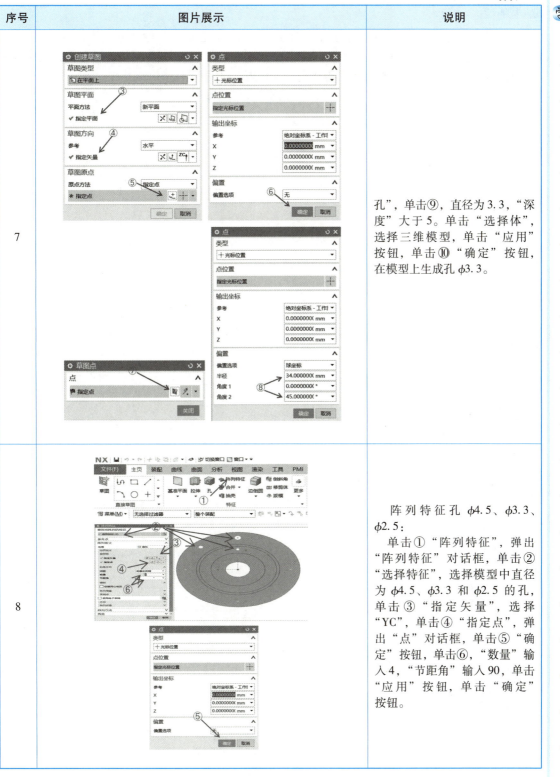 | 孔",单击⑨,直径为3.3,"深度"大于5。单击"选择体",选择三维模型,单击"应用"按钮,单击⑩"确定"按钮,在模型上生成孔 $\phi$3.3。 |
| 8 | | 阵列特征孔 $\phi$4.5、$\phi$3.3、$\phi$2.5:<br>单击①"阵列特征",弹出"阵列特征"对话框,单击②"选择特征",选择模型中直径为 $\phi$4.5、$\phi$3.3 和 $\phi$2.5 的孔,单击③"指定矢量",选择"YC",单击④"指定点",弹出"点"对话框,单击⑤"确定"按钮,单击⑥,"数量"输入4,"节距角"输入90,单击"应用"按钮,单击"确定"按钮。 |

项目四 旋转供料模块建模 183

**任务实施**

请同学们根据旋转供料模块托盘模型创建计划书，结合修订后的任务决策内容，利用 UG NX 12.0 完成旋转供料模块托盘模型的创建，将建好的模型上传到超星网络教学平台，同时将建模过程中遇到的问题、解决措施和心得体会记录在表4-9中。

表4-9 实训过程记录表

| | |
|---|---|
| 实训中出现的问题 | |
| 实训问题解决办法 | |
| 实训心得体会 | |

### 任务检查

完成建模任务之后,请找两位同学(一位来自小组内,一位来自小组外)为你的作品评分,同时,在平台上查看企业导师与专业教师的评分情况,并根据作品的评价反馈情况修改作品。旋转供料模块托盘建模评分表见表4-10。

表4-10 旋转供料模块托盘模块建模评分表

| 姓名 | | | 学号 | | | 得分 | | |
|---|---|---|---|---|---|---|---|---|
| 序号 | 检查内容及标准 | | | 配分 | 组内评分 | 组外评分 | 导师评分 | 教师评分 |
| 1 | 模型文件创建正确得5分 | | | 5 | | | | |
| 2 | 草图创建正确得5分 | | | 5 | | | | |
| 3 | 正确运用尺寸标注、约束等功能得5分 | | | 5 | | | | |
| 4 | 正确使用旋转命令,创建平面得15分 | | | 15 | | | | |
| 5 | 正确使用孔的命令创建常规孔 $\phi 4.5$、$\phi 2.5$ 得10分 | | | 10 | | | | |
| 6 | 正确使用孔的命令创建常规孔 $\phi 3.3$ 得10分 | | | 10 | | | | |
| 7 | 正确使用阵列特征命令完成常规孔 $\phi 4.5$(3个)特征的圆形阵列得10分 | | | 10 | | | | |
| 8 | 正确使用阵列特征命令完成埋头孔 $\phi 2.5$(3个)特征的圆形阵列得10分 | | | 10 | | | | |
| 9 | 模型颜色设置正确得5分 | | | 10 | | | | |
| 10 | 遵守课堂纪律得5分 | | | 10 | | | | |
| 11 | 课后完成实训环境归整得10分 | | | 10 | | | | |
| | 合计总分 | | | 100 | | | | |
| 评分评语 | | | | | | | | |
| 评分人员签字 | | | | | | | | |

注意:本项目组内评分占20%,组外评分占20%,企业导师评分占30%,专业课教师评分占30%。

思政沙龙

1. 活动讨论

某制造企业收到客户邮递的非标零部件,现需要对零件进行测量建模,但在测量过程中,小王由于疏忽大意,将"φ45"标注成了"φ4.5",请问最终会导致怎样的后果?如果你是企业管理者,应该怎样帮助小王?将讨论信息记录在表4-11中。

表4-11 讨论记录表

| 讨论信息 |
| --- |
|  |
|  |
|  |
|  |
|  |
|  |
|  |

2. 导师点评

利用QQ、微信、学习通APP等聊天软件与企业导师连线,请同学们将企业导师的点评信息记录在表4-12中。

表4-12 导师点评记录表

| 导师点评信息 |
| --- |
|  |
|  |
|  |
|  |
|  |

3. 教师点评

请同学们将专业教师的点评信息记录在表4-13中。

表4-13 教师点评记录表

| 教师点评信息 |
| --- |
|  |
|  |
|  |
|  |
|  |

## 任务拓展

某电动机生产企业新开发了一种电动机,为了验证电动机结构的合理性,同时为了尽可能地提高电动机装配效率,提高生产质量,现需利用 UG NX 12.0 三维软件对电动机装配进行仿真。该电动机的定位环的工程图如图 4-10 所示。

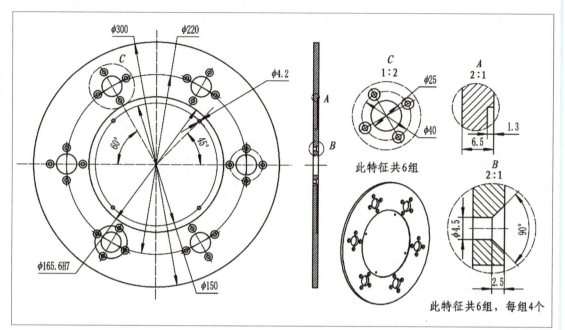

图 4-10 电动机定位环工程图

假设你是该项目的工程师,请利用 UG NX 12.0 三维建模软件完成电动机定位环的三维模型创建,要求见表 4-14。

表 4-14 电动机定位环建模要求

| 序号 | 要求 |
| --- | --- |
| 1 | 分析工程图中特征要素的组成,理清绘制图形的先后顺序 |
| 2 | 根据工程图中的图形特征,选取合适的草图面 |
| 3 | 三维模型每一个位置尺寸都应严格按照平面图要求执行 |
| 4 | 建模过程中,应充分考虑模型的各定位尺寸 |
| 5 | 用"孔"和"阵列特征"命令完成 $\phi25$、$\phi4.5$ 特征生成 |
| 6 | 模型建好之后,需要为其表面涂上黄色 |
| 7 | 请同学们将建好的模型上传到超星网络教学平台中 |
| 8 | 请同学们根据超星平台中的电动机定位环建模评分要求进行相互评分 |

## 任务二　旋转供料模块角码建模

### 任务简介

某企业接到《工业机器人应用编程》1+X 证书考核平台的生产任务，现需要根据客户提供的二维零件图纸，完成旋转供料模块角码的建模，验证其结构的合理性，确保旋转供料模块各部件的顺利装配。角码工程图如图 4-11 所示。

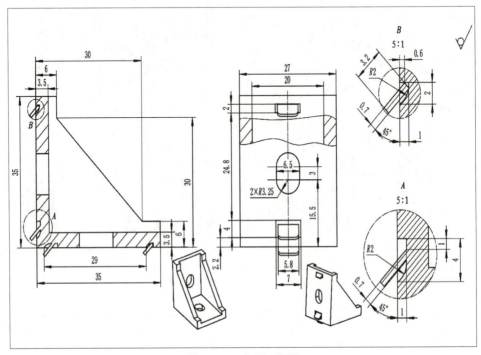

图 4-11　角码工程图

假设你是负责该项目的工程师，请你利用 UG NX 12.0 三维建模软件完成旋转供料模块中角码的三维模型创建，要求见表 4-15。

表 4-15　角码的建模要求

| 序号 | 要求 |
| --- | --- |
| 1 | 分析工程图中特征要素的组成，理清绘制图形的先后顺序 |
| 2 | 根据工程图中的图形特征，选取合适的草图面 |
| 3 | 三维模型每一个位置尺寸都应严格按照平面图要求执行 |
| 4 | 在建模过程中，需要考虑模型装配的定位尺寸 |
| 5 | 用"基础平面"命令绘制"镜像特征"所需的平面 |
| 6 | 用"线性阵列"命令完成"斜板"特征的阵列 |
| 7 | 用"镜像特征"命令完成底面特征到背面特征的复制 |
| 8 | 用"筋板"命令完成两处筋板特征的生成 |

### 实训分组

实训任务分配表见表 4-16。

表 4-16 实训任务分配表

| 组长 | | | 学号 | | | 电话 | | |
|---|---|---|---|---|---|---|---|---|
| 专业教师 | | | | | 企业导师 | | | |
| 组员 | 姓名：_____ 姓名：_____ 姓名：_____ | | 学号：_____ 学号：_____ 学号：_____ | | 姓名：_____ 姓名：_____ 姓名：_____ | | 学号：_____ 学号：_____ 学号：_____ | |
| 小组成员任务分工 | | | | | | | | |
| | | | | | | | | |

### 任务咨询

请同学们利用网络资源和图书资源，查阅关于 UG NX 12.0 三维建模软件使用相关知识，熟悉筋板、镜像特征等用于角码建模的知识要点，填写在表 4-17 ~ 表 4-19 中。

表 4-17 任务咨询网站信息

| 序号 | 查询网站名称 | 查询网站网址 |
|---|---|---|
| 1 | | |
| 2 | | |
| 3 | | |

表 4-18 任务咨询图书信息

| 序号 | 查询图书名称 | 查询图书范围 |
|---|---|---|
| 1 | | |
| 2 | | |
| 3 | | |

表 4-19 任务咨询信息整理

| 信息记录 |
|---|
| |
| |
| |

项目四 旋转供料模块建模 189

请同学们根据任务要求,结合任务咨询结果,制订一份关于旋转供料模块角码的三维模型创建计划书,并将相关信息填写在表 4-20 中。

表 4-20 角码模型创建计划书

| 任务名称 | |
|---|---|
| 任务流程图 | |
| 任务指令 | |
| | |
| | |
| | |
| | |
| 任务注意事项 | |
| | |
| | |
| | |
| | |

操作步骤

旋转供料模块中的角码三维模型创建操作步骤见表 4-21。

表 4-21　角码模型创建步骤　　旋转供料模块角码建模

| 序号 | 图片展示 | 说明 |
|---|---|---|
| 1 |  | 创建模型文件：<br>1）单击①"新建"菜单，弹出如图所示窗口；单击②"模型"。<br>2）单击③"名称"栏，填写文件名 4-2-1。<br>3）单击④"文件夹"栏，指定存放位置。<br>4）单击⑤"确定"按钮。 |
| 2 |  | 创建草图：<br>1）单击①"草图"按钮，弹出"创建草图"对话框，单击②，选择"YZ 平面"为草图平面。<br>2）单击③，选择"+YC"为指定矢量，单击④指定点，弹出"点"对话框，选择"X0Y0Z0"，单击⑤"确定"按钮。 |

项目四　旋转供料模块建模　191

续表

| 序号 | 图片展示 | 说明 |
|---|---|---|
| 3 | 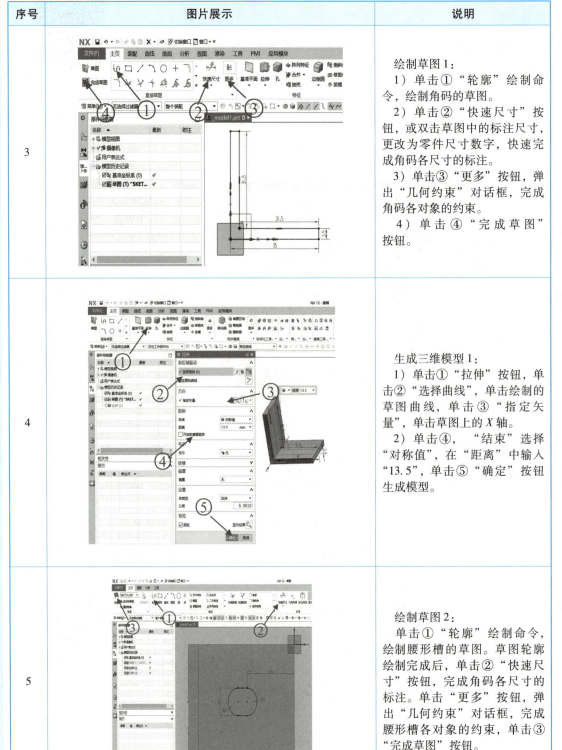 | 绘制草图1：<br>1）单击①"轮廓"绘制命令，绘制角码的草图。<br>2）单击②"快速尺寸"按钮，或双击草图中的标注尺寸，更改为零件尺寸数字，快速完成角码各尺寸的标注。<br>3）单击③"更多"按钮，弹出"几何约束"对话框，完成角码各对象的约束。<br>4）单击④"完成草图"按钮。 |
| 4 | | 生成三维模型1：<br>1）单击①"拉伸"按钮，单击②"选择曲线"，单击绘制的草图曲线，单击③"指定矢量"，单击草图上的 $X$ 轴。<br>2）单击④，"结束"选择"对称值"，在"距离"中输入"13.5"，单击⑤"确定"按钮生成模型。 |
| 5 | | 绘制草图2：<br>单击①"轮廓"绘制命令，绘制腰形槽的草图。草图轮廓绘制完成后，单击②"快速尺寸"按钮，完成角码各尺寸的标注。单击"更多"按钮，弹出"几何约束"对话框，完成腰形槽各对象的约束，单击③"完成草图"按钮。 |

192 ■ UG 数字化设计全实例教程

续表

| 序号 | 图片展示 | 说明 |
|---|---|---|
| 6 | 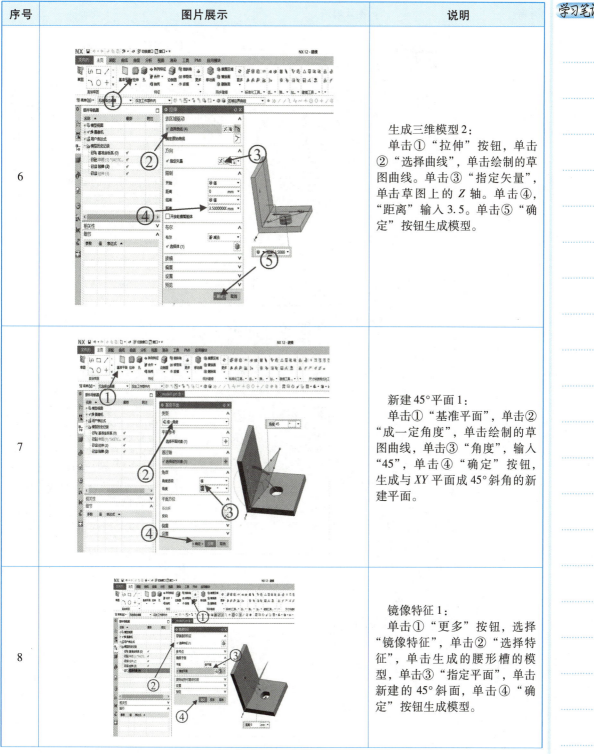 | 生成三维模型 2：<br>单击①"拉伸"按钮，单击②"选择曲线"，单击绘制的草图曲线。单击③"指定矢量"，单击草图上的 $Z$ 轴。单击④，"距离"输入 3.5。单击⑤"确定"按钮生成模型。 |
| 7 | | 新建 45°平面 1：<br>单击①"基准平面"，单击②"成一定角度"，单击绘制的草图曲线，单击③"角度"，输入"45"，单击④"确定"按钮，生成与 $XY$ 平面成 45°斜角的新建平面。 |
| 8 | | 镜像特征 1：<br>单击①"更多"按钮，选择"镜像特征"，单击②"选择特征"，单击生成的腰形槽的模型，单击③"指定平面"，单击新建的 45°斜面，单击④"确定"按钮生成模型。 |

续表

| 序号 | 图片展示 | 说明 |
|---|---|---|
| 9 | | 绘制草图 3：<br>单击草图，选择底面，单击①"轮廓"绘制命令，绘制矩形槽的草图，单击②"快速尺寸"，完成矩形槽各尺寸的标注，单击③"更多"按钮，弹出"几何约束"对话框，完成角码各对象的约束，单击④"完成草图"按钮。 |
| 10 | | 生成三维模型 3：<br>单击①"拉伸"按钮，单击②"选择曲线"，单击绘制的草图曲线。单击③"指定矢量"，单击草图上的 Z 轴。单击④，在"距离"中输入"1"。单击⑤"确定"按钮生成模型。单击⑥"边倒圆"，根据零件图纸选择⑦倒圆的边，单击⑧，输入半径"1"，单击⑨"确定"按钮，完成边倒圆。 |

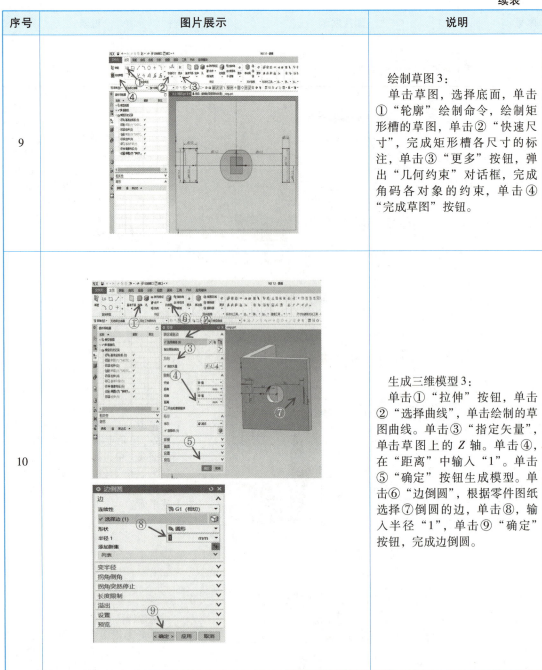

| 序号 | 图片展示 | 说明 |
|---|---|---|
| 11 | | 绘制草图4：<br>单击"草图"，根据零件图纸选择矩形槽中绘制小板的位置，单击①"轮廓"绘制命令，绘制小板的草图，单击②"快速尺寸"，完成角码各尺寸的标注；单击③"更多"按钮，弹出"几何约束"对话框，完成小板各对象的约束。单击④"完成草图"按钮。 |
| 12 | | 生成三维模型4：<br>单击①"拉伸"，单击②"选择曲线"，单击绘制的草图曲线，单击③，"距离"输入3.5，单击草图上的Y轴，单击④"确定"按钮生成三维模型。单击⑤"边倒圆"按钮，单击⑥，"选择边"输入半径"1"，完成边倒圆。 |

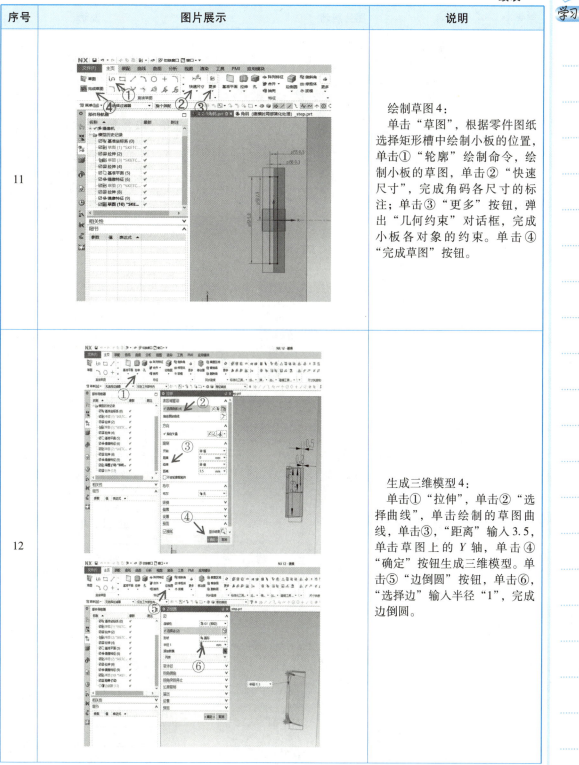

项目四　旋转供料模块建模　195

| 序号 | 图片展示 | 说明 |
|---|---|---|
| 13 | 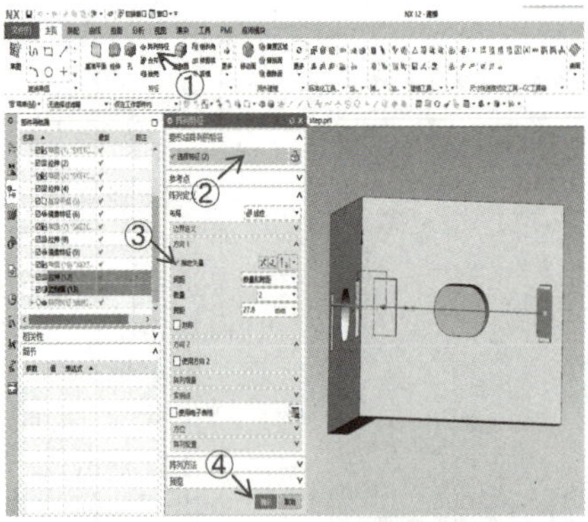 | 阵列特征－线性阵列：<br>单击①"阵列特征"按钮，弹出"阵列特征"对话框，单击②"选择特征"，选择矩形槽、边倒圆、小板特征，单击③"指定矢量"，选择"－YC"，单击"间距"，在"数量"中输入2，"跨距"中输入27.8，单击④"确定"按钮，生成如图所示的阵列特征。 |
| 14 | 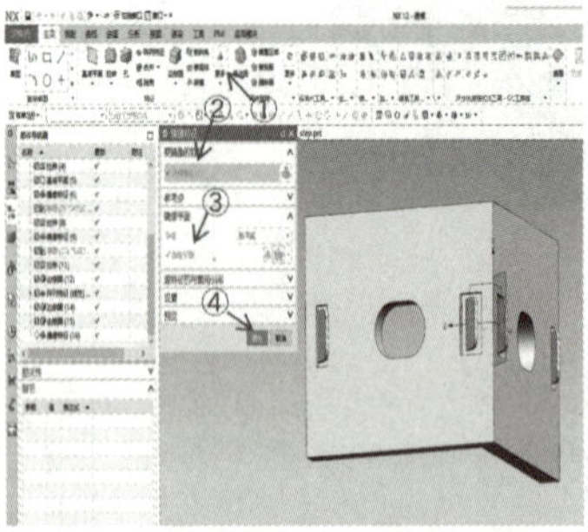 | 镜像特征2：<br>单击①"更多"按钮，选择"镜像特征"，单击②"选择特征"，单击线性阵列的特征，单击③"指定平面"，单击新建的－45°斜面，单击④"确定"按钮生成模型。 |
| 15 | 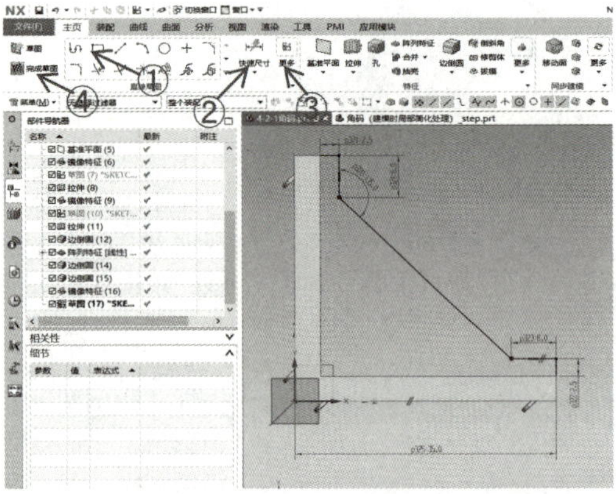 | 绘制草图5：<br>单击草图，选择①"轮廓"绘制命令，绘制筋板的草图，单击②"快速尺寸"，完成角码各尺寸的标注，单击③"更多"按钮，弹出"几何约束"对话框，完成筋板各对象的约束；单击④"完成草图"按钮。 |
| 16 | 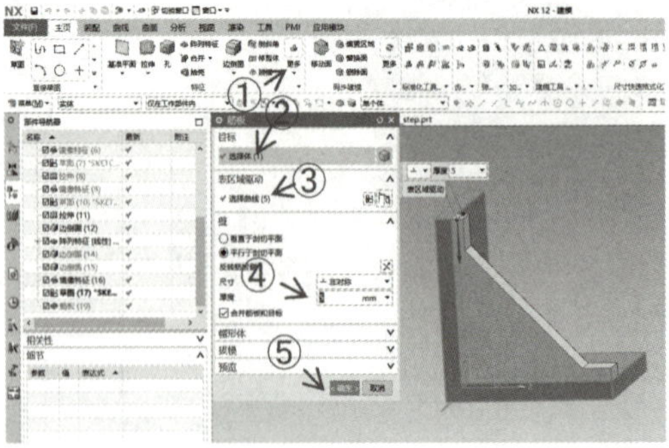 | 生成筋板：<br>单击"更多"按钮，选择①"筋板"命令；单击②"选择体"，选择构建的三维模型，单击③"选择曲线"，选择绘制的筋板轮廓线，单击④"厚度"，输入"4"，单击⑤"确定"按钮。 |

续表

| 序号 | 图片展示 | 说明 |
|---|---|---|
| 17 | 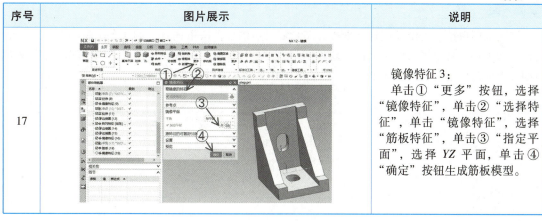 | 镜像特征3：<br>单击①"更多"按钮，选择"镜像特征"，单击②"选择特征"，单击"镜像特征"，选择"筋板特征"，单击③"指定平面"，选择 YZ 平面，单击④"确定"按钮生成筋板模型。 |

**任务实施**

请同学们根据角码模型创建计划书,结合修订后的任务决策内容,利用 UG NX 12.0 完成角码模型的创建,将建好的模型上传到超星网络教学平台,同时将建模过程中遇到的问题、解决措施和心得体会记录在表 4-22 中。

表 4-22  实训过程记录表

| | |
|---|---|
| 实训中出现的问题 | |
| 实训问题解决办法 | |
| 实训心得体会 | |

## 任务检查

完成建模任务之后,请找两位同学(一位来自小组内,一位来自小组外)为你的作品评分,同时,在平台上查看企业导师与专业教师的评分情况,并根据作品的评价反馈情况修改作品。角码建模评分表见表 4-23。

表 4-23 角码建模评分表

| 姓名 | | 学号 | | | 得分 | | |
|---|---|---|---|---|---|---|---|
| 序号 | 检查内容及标准 | | 配分 | 组内评分 | 组外评分 | 导师评分 | 教师评分 |
| 1 | 模型文件创建正确得 5 分 | | 5 | | | | |
| 2 | 草图创建正确得 5 分 | | 5 | | | | |
| 3 | 正确运用尺寸标注、约束等功能得 5 分 | | 10 | | | | |
| 4 | 正确创建腰形槽的特征得 5 分 | | 5 | | | | |
| 5 | 正确使用线性阵列创建斜板得 5 分 | | 10 | | | | |
| 6 | 正确建立镜像用的基准面得 5 分 | | 10 | | | | |
| 7 | 正确创建方孔、斜板特征得 5 分 | | 10 | | | | |
| 8 | 正确创建筋板一侧特征得 5 分 | | 15 | | | | |
| 9 | 正确创建筋板另一侧特征得 5 分 | | 10 | | | | |
| 10 | 模型颜色设置正确得 5 分 | | 5 | | | | |
| 11 | 遵守课堂纪律得 5 分 | | 5 | | | | |
| 12 | 实训结束后关好设备、清扫场地,保持实训场地整洁卫生得 5 分 | | 10 | | | | |
| | 合计总分 | | 100 | | | | |
| 评分评语 | | | | | | | |
| 评分人员签字 | | | | | | | |

注意:本项目组内评分占 20%,组外评分占 20%,企业导师评分占 30%,专业课教师评分占 30%。

## 思政沙龙

### 1. 活动讨论

请同学们讨论一下,非标零件在设计、建模、制造过程中,尺寸标注、字体等要素的统一对于产品在制造、装配、销售时有哪些帮助,请将讨论的信息记录在表 4-24 中。

表 4-24 讨论记录表

| 讨论信息 |
|---|
|  |
|  |
|  |
|  |
|  |
|  |

### 2. 导师点评

请同学们利用 QQ、微信、学习通 APP 等聊天软件与企业导师连线,将企业导师的点评信息记录在表 4-25 中。

表 4-25 导师点评记录表

| 导师点评信息 |
|---|
|  |
|  |
|  |
|  |
|  |
|  |

### 3. 教师点评

请同学们将专业教师的点评信息记录在表 4-26 中。

表 4-26 教师点评记录表

| 教师点评信息 |
|---|
|  |
|  |
|  |
|  |
|  |
|  |

## 任务拓展

某企业接到一个筋板的生产任务,为了确定筋板上的肋板是采用焊接工艺处理还是直接使用铸造翻砂工艺,特需要在批量生产之前对其进行三维建模,分析两种工艺中的应力集中点、缺陷等,其筋板的要求如图4-12所示。

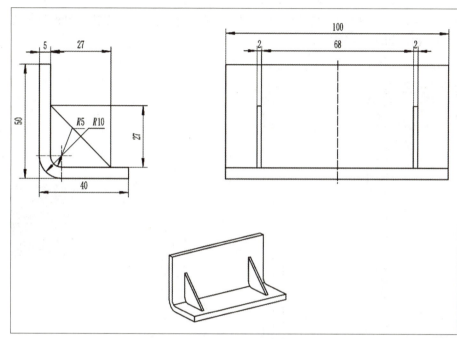

图 4-12 筋板图

假设你是该项目的工程师,请利用 UG NX 12.0 三维建模软件完成筋板三维模型的创建,要求见表4-27。

表 4-27 筋板建模要求

| 序号 | 要求 |
| --- | --- |
| 1 | 分析工程图中特征要素的组成,理清绘制图形的先后顺序 |
| 2 | 根据工程图中的图形特征,选取合适的草图面 |
| 3 | 三维模型每一个位置尺寸都应严格按照平面图要求执行 |
| 4 | 建模过程中,应充分考虑模型的定位尺寸 |
| 5 | 用"拉伸"命令完成"L"形特征底板的生成 |
| 6 | 用"筋板"命令完成"筋板"特征的生成 |
| 7 | 模型建好之后,需要为其表面涂上黄色 |
| 8 | 请同学们将建好的模型上传到超星网络教学平台中 |
| 9 | 请同学们根据超星平台中的筋板建模评分要求进行相互评分 |

## 任务三　旋转供料模块把手建模

### 任务简介

某企业接到 1+X 证书考核平台《工业机器人应用编程》的生产任务，现需要根据客户提供的二维零件图纸完成旋转供料模块把手的建模，验证其结构的合理性，确保旋转供料模块各部件的顺利装配。把手工程图如图 4-13 所示。

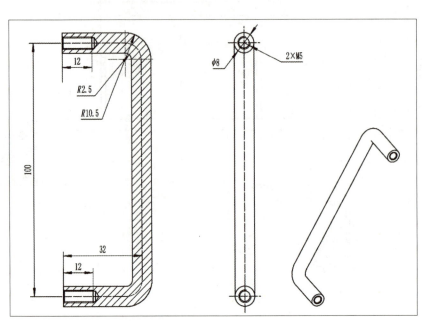

图 4-13　旋转供料模块把手

假设你是负责该项目的工程师，请你利用 UG NX 12.0 三维建模软件完成旋转供料模块中把手的三维模型创建，实训任务要求见表 4-28。

表 4-28　旋转供料模块把手的建模要求

| 序号 | 要求 |
| --- | --- |
| 1 | 分析工程图中特征要素的组成，理清绘制图形的先后顺序 |
| 2 | 根据工程途中的图形特征，选取合适的草图面 |
| 3 | 三维模型每一个位置尺寸都应严格按照平面图要求执行 |
| 4 | 在建模过程中，需要考虑模型装配的定位尺寸 |
| 5 | 用"沿导线扫掠"命令完成管的特征生成 |
| 6 | 用"孔"命令完成螺纹孔的特征生成 |
| 7 | 建模过程中，应将旋转供料模块把手表面涂成银色 |

## 实训分组

实训任务分配表见表4-29。

表4-29 实训任务分配表

| 组长 | | | 学号 | | | 电话 | |
|---|---|---|---|---|---|---|---|
| 专业教师 | | | | | 企业导师 | | |
| 组员 | 姓名：_____ 姓名：_____ 姓名：_____ | 学号：_____ 学号：_____ 学号：_____ | | | 姓名：_____ 姓名：_____ 姓名：_____ | 学号：_____ 学号：_____ 学号：_____ | |
| 小组成员任务分工 | | | | | | | |
| | | | | | | | |

## 任务咨询

请同学们利用网络资源和图书资源，查阅关于UG NX 12.0三维建模软件使用方法，熟悉UG NX 12.0软件中"扫掠""孔"等指令的使用方法，掌握旋转供料模块把手的建模流程，并将查询的相关信息填写在表4-30～表4-32中。

表4-30 任务咨询网站信息

| 序号 | 查询网站名称 | 查询网站网址 |
|---|---|---|
| 1 | | |
| 2 | | |
| 3 | | |

表4-31 任务咨询图书信息

| 序号 | 查询图书名称 | 查询图书范围 |
|---|---|---|
| 1 | | |
| 2 | | |
| 3 | | |

表4-32 任务咨询信息整理

| 信息记录 |
|---|
| |
| |
| |

项目四 旋转供料模块建模

请同学们根据任务要求，结合任务咨询结果，制订一份关于旋转供料模块把手模型创建计划书，并将相关信息填写在表4-33中。

表4-33 旋转供料模块把手模型创建计划书

| 任务名称 | |
|---|---|
| 任务流程图 | |
| 任务指令 | |
| 任务注意事项 | |

旋转供料模块中把手三维模型创建步骤见表4-34。

表4-34 旋转供料模块把手模型创建步骤

旋转供料模块把手建模

| 序号 | 图片展示 | 说明 |
|---|---|---|
| 1 |  | 创建模型文件：<br>1）打开软件，单击①"新建"菜单，弹出如图所示窗口。<br>2）单击②"模型"，单击③"名称"栏，填写文件名4-3-1，单击④"文件夹"栏，指定存放位置，单击⑤"确定"按钮。 |
| 2 |  | 创建草图1：<br>1）单击①"草图"按钮，弹出"创建草图"对话框，单击②YZ平面为草图平面。<br>2）单击③"+YC"为指定矢量，单击④指定点，弹出"点"对话框，选择"X0Y0Z0"。<br>3）单击⑤"确定"按钮。 |

项目四 旋转供料模块建模 205

续表

| 序号 | 图片展示 | 说明 |
|---|---|---|
| 3 | 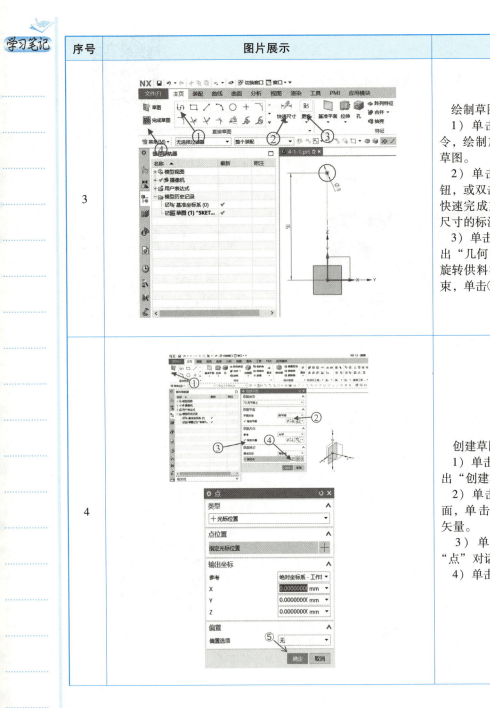 | 绘制草图 $\phi 8$：<br>1）单击①"轮廓"绘制命令，绘制旋转供料模块托盘的草图。<br>2）单击②"快速尺寸"按钮，或双击草图中的标注尺寸，快速完成旋转供料模块托盘各尺寸的标注。<br>3）单击③"更多"按钮，弹出"几何约束"对话框，完成旋转供料模块托盘各对象的约束，单击④"完成草图"按钮。 |
| 4 | | 创建草图2：<br>1）单击①"草图"按钮，弹出"创建草图"对话框。<br>2）单击②$XZ$平面为草图平面，单击③"+XC"为指定矢量。<br>3）单击④指定点，弹出"点"对话框，选择"X0Y0Z0"。<br>4）单击⑤"确定"按钮。 |

续表

| 序号 | 图片展示 | 说明 |
|---|---|---|
| 5 | 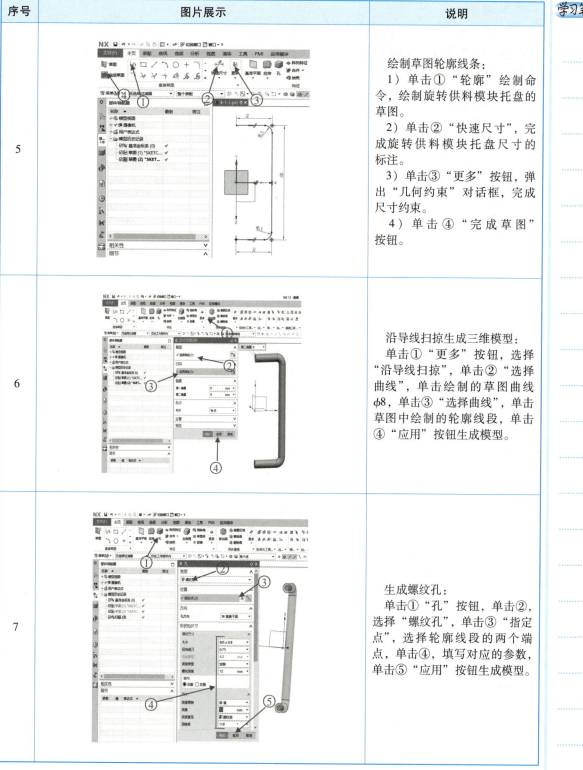 | 绘制草图轮廓线条：<br>1）单击①"轮廓"绘制命令，绘制旋转供料模块托盘的草图。<br>2）单击②"快速尺寸"，完成旋转供料模块托盘尺寸的标注。<br>3）单击③"更多"按钮，弹出"几何约束"对话框，完成尺寸约束。<br>4）单击④"完成草图"按钮。 |
| 6 | | 沿导线扫掠生成三维模型：<br>单击①"更多"按钮，选择"沿导线扫掠"，单击②"选择曲线"，单击绘制的草图曲线 $\phi 8$，单击③"选择曲线"，单击草图中绘制的轮廓线段，单击④"应用"按钮生成模型。 |
| 7 | | 生成螺纹孔：<br>单击①"孔"按钮，单击②，选择"螺纹孔"，单击③"指定点"，选择轮廓线段的两个端点，单击④，填写对应的参数，单击⑤"应用"按钮生成模型。 |

项目四 旋转供料模块建模

请同学们根据任务计划阶段做的创建计划书，并结合操作步骤的内容，利用 UG NX 12.0 完成旋转供料模块把手模型的创建，将建好的模型上传到超星网络教学平台，同时将建模过程中遇到的问题、解决措施和心得体会记录在表 4-35 中。

表 4-35 实训过程记录表

| | |
|---|---|
| 实训中出现的问题 | |
| 实训问题解决办法 | |
| 实训心得体会 | |

## 任务检查

完成建模任务之后，请找两位同学（一位来自小组内，一位来自小组外）为你的作品评分，同时，在平台上查看企业导师与专业教师的评分情况，并根据作品的评价反馈情况修改作品。旋转供料模块把手建模评分表见表4-36。

表4-36 旋转供料模块把手建模评分表

| 姓名 | | 学号 | | | 得分 | | |
|---|---|---|---|---|---|---|---|
| 序号 | 检查内容及标准 | | 配分 | 组内评分 | 组外评分 | 导师评分 | 教师评分 |
| 1 | 模型文件创建正确得5分 | | 5 | | | | |
| 2 | 在草图面1中创建圆 $\phi 8$ 正确得20分 | | 20 | | | | |
| 3 | 在草图面2中创建手柄线段正确得20分 | | 20 | | | | |
| 4 | 正确运用尺寸标注、约束等功能得10分 | | 10 | | | | |
| 5 | 正确使用扫掠命令创建平面得25分 | | 25 | | | | |
| 6 | 模型颜色设置正确得5分 | | 5 | | | | |
| 7 | 遵守课堂纪律得5分 | | 5 | | | | |
| 8 | 实训结束后关好设备、清扫场地，保持实训场地整洁卫生得10分 | | 10 | | | | |
| | 合计总分 | | 100 | | | | |
| 评分评语 | | | | | | | |
| 评分人员签字 | | | | | | | |

注意：本项目组内评分占20%，组外评分占20%，企业导师评分占30%，专业课教师评分占30%。

项目四 旋转供料模块建模

## 思政沙龙

### 1. 活动讨论

某非标零部件生产厂家在非标零部件的研发试制过程中,产生了大量的废弃零件和冷却液,由于企业没有独立的废品存储库房和冷却液回收处理装置,因此将废件和冷却液随意堆放在生产车间。请同学们讨论一下,这种情况会对企业生产和环境造成哪些影响?将讨论信息记录在表4-37中。

表4-37 讨论记录表

| 讨论信息 |
| --- |
|  |
|  |
|  |
|  |
|  |
|  |

### 2. 导师点评

利用QQ、微信、学习通APP等聊天软件连线企业导师,倾听导师对同学们完成该项目情况的点评,将点评信息记录在表4-38中。

表4-38 导师点评记录表

| 导师点评信息 |
| --- |
|  |
|  |
|  |
|  |
|  |
|  |

### 3. 教师点评

请同学们将专业教师的点评信息记录在表4-39中。

表4-39 教师点评记录表

| 教师点评信息 |
| --- |
|  |
|  |
|  |
|  |
|  |
|  |

## 任务拓展

某公司接到水杯的建模美化任务,为了保证水杯造型的实用性与美观性,特对该任务进行建模调整与着色美化,其水杯的尺寸要求如图4-14所示。

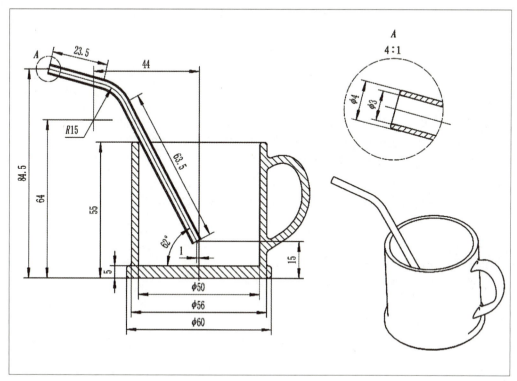

图4-14 水杯工程图

假设你是该项目的工程师,请利用UG NX 16.0三维建模软件完成水杯三维模型的创建,要求见表4-40。

表4-40 水杯建模要求

| 序号 | 要求 |
| --- | --- |
| 1 | 分析工程图中特征要素的组成,理清绘制图形的先后顺序 |
| 2 | 根据工程图中的图形特征选取合适的草图面 |
| 3 | 三维模型每一个位置尺寸都应严格按照平面图要求执行 |
| 4 | 请同学们将建好的模型上传到超星网络教学平台中 |
| 5 | 用"拉伸"命令生成"杯底与杯壁"的特征 |
| 6 | 用"沿导线扫掠"命令生成"吸管与手柄"的特征 |
| 7 | 模型建好之后,需要为其表面涂上黄色 |
| 8 | 请同学们根据超星平台中的水杯建模评分要求进行相互评分 |

# 项目五　物料存储模块装配与工程图

### 德育目标

1. 引导学生树立正确的人生观、价值观和世界观；
2. 引导学生养成热爱劳动、热爱生活、热爱工作的积极上进的心态；
3. 培养学生养成善于观察、善于总结的良好习惯；
4. 培养学生养成善于思考，能及时发现问题的良好习惯；
5. 提高学生利用网络资源学习的能力，激发学生自我学习的潜能。

### 知识目标

1. 能够掌握装配体（部件）的装配和表达方法；
2. 能够合理选择装配图的视图；
3. 能够对装配图进行合理的标注；
4. 能够由装配图拆为爆炸图；
5. 能够创建工程图。

### 技能目标

1. 能够熟练使用装配模块的指令创建物料存储模块装配体；
2. 能够使用制图模块指令创建物料存储模块定位仓工程图；
3. 能够独立完成较为复杂的机械结构的装配；
4. 能够利用所学知识创建较为复杂的工程图。

### 知识链接

装配建模是 UG NX 12.0 中一个重要的应用模块，该模块能够将产品各个零部件快速组合在一起，形成产品的整体结构，同时，可对整个结构执行爆炸操作，查看产品的内部结构以及部件的装配顺序。此外，在该模块中还允许对模型执行间隙分析、质量管理，以及将装配机构引入装配工程图等操作。UG NX 12.0 的工程图主要是为了满足二维出图的需要。在 UG NX 12.0 中，使用建模模块创建的三维实体模型，都可以利用工程图模块投影生成二维工程图，并且所生成的工程图与该实体模型是完全关联的，也就是说，实体模型的尺寸、形状或位置发生任何改变，都会引起二维工程图的相应变化。

## 1　装配建模基础

### 1.1　装配的概述

建立零件实体模型后，下一步需要将它们装配起来成为装配体。UG NX 12.0 采用的是单数据库设计，因此，在完成零件设计之后，可以利用 UG NX 12.0 的装配模块对零件进行组装，然后对该组件进行修改、分析或者重新定位。同时，用装配模块可以将基本零件或子装配组装成更高一级的装配体或产品总装配体。也可以首先设计产品总装配体，然后拆成子装配体和单个可以直接用于加工的零部件。

用户可以通过选择"应用模块"选项卡，然后单击"设计"面组中的"装配"按钮，调出"装配"面组，也可以通过"菜单"→"装配"中的命令或者子菜单中的命令完成装配，还可以通过"装配"选项卡中的各个功能完成装配，如图 5 – 1 所示。

图 5 – 1 "装配"选项卡

## 1.2 装配术语

（1）装配　是指在装配过程中建立部件之间的连接功能。由装配部件和子装配组成。

（2）装配部件　是由零件和子装配构成的部件。在 UG NX 12.0 中，允许向任何一个 prt 文件中添加部件构成装配，因此，任何一个 prt 文件都可以作为装配部件。

（3）子装配　是在高一级装配中被用作组件的装配，子装配也拥有自己的组件。

（4）组件对象　是一个从装配部件链接到部件主模型的指针实体。

（5）组件　是装配中由组件对象所指的部件文件。组件可以是单个部件（即零件），也可以是一个子装配。

（6）单个零件　是指在装配外存在的零件几何模型，它可以添加到一个装配中去，但它本身不能含有下级组件。

（7）混合装配　是将自顶向下装配和自底向上装配结合在一起的装配方法。

（8）配对条件　用来定位组件在装配中的位置和方位。

（9）主模型　是指供 UG NX 12.0 模块共同引用的部件模型。

## 1.3 装配方式方法

装配是在零部件之间创建联系，装配部件与零部件的关系可以是引用，也可以是复制。因此，装配方式包括多零件装配和虚拟装配两种，大多数 CAD 软件采用的装配方式是这两种，本节对它们分别进行介绍。

（1）多零件装配方式

这种装配方式是在装配过程中先把要装配的零部件复制到装配文件中，然后在装配环境下进行相关操作。由于在装配前就已经把零部件复制到装配文件中，所以装配文件和零部件不具有相关性，也就是零部件更新时，装配文件不会自动更新。这种装配方式需要复制大量各部件数据，生成的装配文件是实体文件，运行时占用大量的内存，所以速度较慢，现在已很少使用。

（2）虚拟装配方式

虚拟装配方式是 UG NX 12.0 采用的装配方式，也是大多数 CAD 软件所采用的装配方式。虚拟装配方式不需要生成实体模型的装配文件，它只需引用各零部件模型，而引用是通过指针来完成的，也就是前面所说的组件对象。因此，装配部件和零部件之间存在关联性，也就是说，零部件更新时，装配文件自动更新。采用虚拟装配方式进行装配具有所需内存小、运行速度快、存储数据小等优点。本项目所讲到的装配内容是针对 UG NX 12.0 的，也就是针对虚拟装配方式。

UG NX 12.0 的装配方法主要包括自底向上装配设计、自顶向下装配设计以及两者的混合装配设计。

自底向上装配是先设计好装配中的部件几何模型，再将该部件的几何模型添加到装配中，从而使该部件成为一个组件。具体步骤为：

单击"装配"或者"组件"面组中的"添加组件"按钮，或选择"菜单"→"装配"→"组件"→"添加组件"命令，系统弹出如图 5-2 所示的"添加组件"对话框。

自顶向下装配方法是在装配部件中建立一个新组件，并将装配中的几何实体添加到新组件中。具体的操作步骤如下：

单击"装配"或者"组件"面组中的"新建组件"按钮，或选择"菜单"→"装配"→"组件"→"新建"命令，系统弹出"新组件文件"对话框。选择所建组件文件的类型，在"名称"文本框中输入名称，单击"确定"按钮。系统弹出如图 5-3 所示的"新建组件"对话框，要求用户设置新组件的有关信息。在绘图区选取几何对象，单击"确定"按钮，则在装配中添加了一个含对象的新组件。

图 5-2　自底向上装配对话框

图 5-3　自顶向下装配对话框

### 1.4　编辑组件

组件添加到装配以后，可对其进行删除、属性编辑、抑制、替换和重新定位等操作。本节介绍实现部分编辑的方法和操作过程。

（1）删除组件

选择"菜单"→"编辑"→"删除"命令，系统弹出"类选择"对话框，在该对话框中输入组件的名称，或是利用选择球选择要删除的组件，单击"确定"按钮即完成了该项操作。或者在"装配导航器"中选择需要删除的组件，单击鼠标右键，在弹出的快捷菜单中选择"删除"命令。

(2) 替换组件

单击"装配"或者"组件"面组中的"替换组件"按钮，或选择"菜单"→"装配"→"组件"→"替换组件"命令，系统弹出如图 5-4 所示的"替换组件"对话框。选择要替换的组件和替换件，设置相关选项，如果需要维持配对关系（装配关系），选中"保持关系"复选框，最后单击"确定"按钮即可完成该项操作。

(3) 移动组件

单击"装配"或者"组件位置"面组中的"移动组件"按钮，或选择"菜单"→"装配"→"组件位置"→"移动组件"命令，系统弹出如图 5-5 所示的"移动组件"对话框。

图 5-4 "替换组件"对话框

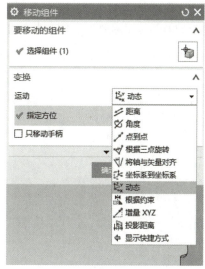

图 5-5 "移动组件"对话框

(4) 抑制组件与取消组件抑制

抑制组件是指在当前显示中移去组件，使其不执行装配操作。抑制组件并不是删除组件，组件的数据仍然在装配中存在，只是不执行一些装配功能，可以用"取消抑制组件"命令恢复。

单击"装配"或者"组件"面组中的"抑制组件"按钮，或选择"菜单"→"装配"→"组件"→"抑制组件"命令，系统弹出"类选择"对话框，在绘图区中选中一个零件后，单击"确定"按钮，则在绘图区中移去了所选组件。组件抑制后，不会在绘图区中显示，也不会在装配工程图和爆炸视图中显示，在装配导航工具中也看不到它。被抑制组件不能进行干涉检查和间隙分析，不能进行质量计算，也不能在装配报告中查看有关信息。

取消组件的抑制可以将抑制的组件恢复成原来状态。

单击"装配"或者"组件"面组中的"取消抑制组件"按钮，或选择"菜单"→"装配"→"组件"→"取消抑制组件"命令，系统弹出如图 5-6 所示的"选择抑制的组件"对话框。在对话框的列表框中，列出了所有被抑制的组件。选择要取消抑制的组件，单击"确定"按钮即可完成组件的取消抑制操作。

图 5-6 "选择抑制的组件"对话框

项目五　物料存储模块装配与工程图　215

### 1.5 装配约束

"装配约束"命令通过定义两个组件之间的约束条件来确定组件在装配体中的位置,并确定组件在装配中的相对位置。装配约束由一个或多个关联约束组成,关联约束限制组件在装配中的自由度。

在添加组件到装配的过程中,在"添加组件"对话框中的"放置"选项组中选择"约束"单选项,可以在"约束类型"列表框中选择约束类型,对组件进行约束。用户也可以单击"装配"或者"组件位置"面组中的"装配约束"按钮,或选择"菜单"→"装配"→"组件位置"→"装配约束"命令,系统弹出如图 5-7 所示的"装配约束"对话框。

### 1.6 约束导航器

约束导航器是用图形表示装配中各组件的约束关系,如图 5-8 所示。

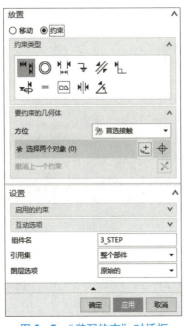

图 5-7 "装配约束"对话框

图 5-8 约束导航器

该导航器有三种类型的节点,分别是根节点、条件节点和约束节点,每类节点都有对应的弹出菜单,用于产生和编辑配对条件与关联约束。

### 1.7 阵列组件和镜像装配

在装配过程中,除了重复添加相同组件以提高装配效率之外,对于按照圆周或线性分布的组件,可使用"阵列组件"工具命令一次获得多个特征,并且阵列的组件将按照原组件的约束关系进行定位,可极大地提高产品装配的准确性和设计效率。

#### 1.7.1 创建阵列组件

"阵列组件"命令可以从实例特征创建一个阵列,即按照实例的阵列特征类型创建相同的特征。

单击"装配"或者"组件"面组中的"阵列组件"按钮,或选择"菜单"→"装配"→"组件"→"阵列组件"命令,系统弹出如图 5-9 所示的"阵列组件"对话框。

#### 1.7.2 镜像装配

在装配过程中，对于沿一个基准面对称分布的组件，可使用"镜像装配"工具命令一次获得多个特征，并且镜像的组件将按照原组件的约束关系进行定位，因此特别适合像汽车底盘等对称的组件装配，只需要完成一边的装配即可。

单击"装配"或者"组件"面组中的"镜像装配"按钮或选择"菜单"→"装配"→"组件"→"镜像装配"命令，进入镜像装配界面。

### 2 装配爆炸图

完成了零部件的装配后，可以通过爆炸图将装配各部件偏离装配体原位置，以表达组件装配关系，便于用户观察。UG NX 12.0 中爆炸图的创建、编辑、删除等操作命令集中在"爆炸图"工具条上。

图 5-9 "阵列组件"对话框

#### 2.1 创建爆炸图

完成部件装配后，可建立爆炸图来表达装配部件内部各组件间的相互关系。

利用生成爆炸图工具生成没有间距的初始爆炸图，然后利用自动爆炸组件工具使各零件沿约束方向偏离指定的距离，生成最终的爆炸图。具体的创建步骤如下：

单击"爆炸图"面组中的"新建爆炸"按钮，如图 5-10 所示，或选择"菜单"→"装配"→"爆炸图"→"新建爆炸"命令，如图 5-11 所示，系统弹出"新建爆炸"对话框。在"名称"文本框中输入爆炸图的名称，单击"确定"按钮，生成一个爆炸图。如果部件比较大，零件比较多，则需花几分钟的时间才会生成爆炸图，时间的长短会根据计算机配置的不同而不同。从完成后的效果可以看到，生成的爆炸图与原装配图相比没有什么变化，这是因为还没有设置爆炸零件的距离值。

图 5-10 "爆炸图"面组

图 5-11 "爆炸图"子菜单

## 2.2 编辑爆炸图

采用自动爆炸,一般不能得到理想的爆炸效果,通常还需要对爆炸图进行调整。利用编辑爆炸图的功能,可以在爆炸图中手动调整零件,使零件沿某个方向移动,或移动到新指定位置。

单击"爆炸图"面组中的"编辑爆炸图"按钮,或选择"菜单"→"装配"→"爆炸图"→"编辑爆炸图"命令,系统弹出如图 5-12 所示的"编辑爆炸"对话框。在该对话框默认的状态下,"选择对象"单选项处于选中状态,在绘图区中选择某个需要编辑的组件,在对话框中选择"只移动手柄"单选项,在绘图区中单击一点,则动态坐标系移动到鼠标指定的新位置。

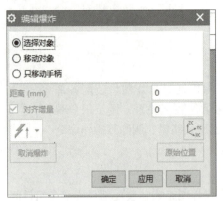

图 5-12 "编辑爆炸"对话框

在对话框中选择"移动对象"单选项,在绘图区选择移动方向,在"编辑爆炸"对话框中的"距离"文本框中输入移动距离,单击"应用"按钮,则零件将沿 Z 轴方向移动指定的距离。单击"确定"按钮,关闭该对话框。

## 2.3 隐藏视图中的组件

在某些时候,为了方便地观察零件间的装配关系,必须将某些零件移除。利用从视图移除组件功能,可以在爆炸图中将选定的零件转为隐藏状态。

单击"爆炸图"面组中的"隐藏视图中的组件"按钮,系统弹出如图 5-13 所示的"隐藏视图中的组件"对话框,选择某个组件,单击"确定"按钮或者选择某个组件,单击鼠标中键即可隐藏组件。

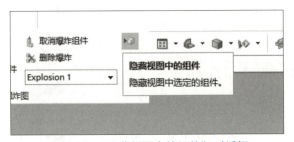

图 5-13 "隐藏视图中的组件"对话框

## 2.4 取消爆炸组件

"利用取消爆炸组件"命令可以将已爆炸的组件恢复到原来的位置。单击"爆炸图"面组中的"取消爆炸组件"按钮,或选择"菜单"→"装配"→"爆炸图"→"取消爆炸组件"命令,选择某个组件,单击"确定"按钮,则已爆炸的组件恢复到爆炸前的位置。

## 2.5 删除爆炸图

利用"删除爆炸图"功能，可以将已建立的爆炸图删除。单击"爆炸图"面组中的"删除爆炸图"按钮，或选择"菜单"→"装配"→"爆炸图"→"删除爆炸图"命令，系统弹出如图 5 - 14 所示的"爆炸图"对话框。对话框中列出了已建立的爆炸图名称，选择要删除的爆炸图的名称，单击"确定"按钮，即可将所选的爆炸图删除。

## 2.6 切换爆炸图

在"爆炸图"工具条中有一个下拉列表，其中列出了用户所创建的和正在编辑的爆炸图。用户可以根据自己的需要，在该下拉列表中选择要在图形窗口中显示的爆炸图，进行爆炸图的切换，如图 5 - 15 所示。同时，用户也可以选择下拉列表中的"无爆炸"选项隐藏各个爆炸图。

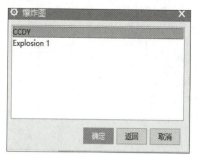

图 5 - 14  "爆炸图"对话框

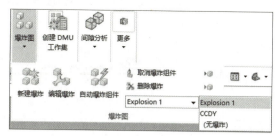

图 5 - 15  切换爆炸图

# 3 工程图

UG NX 12.0 的制图功能非常强大，可以满足用户的各种制图需求。此外，UG NX 12.0 的制图功能生成的二维工程图和几何模型之间是相关联的，即模型发生变化以后，二维工程图也自动更新。

## 3.1 工程图工作界面

单击"主页"选项卡"标准"面组上的"新建"按钮，系统弹出如图 5 - 16 所示的"新建"对话框。在该对话框中单击"图纸"选项卡，选择适当的图样并输入名称，也可以导入要创建图样的部件。单击"确定"按钮进入工程图环境。

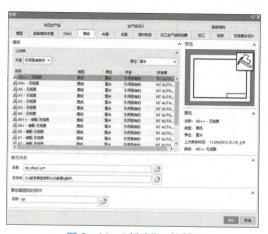

图 5 - 16  "新建"对话框

工程图工作界面如图 5-17 所示。在该界面中，利用"插入"菜单中的选项，或"主页"选项卡上所示的各工具条中的功能按钮，可以快速建立和编辑二维工程图。此外，通过界面左侧的部件导航器也可以对工程图中的各操作进行编辑。

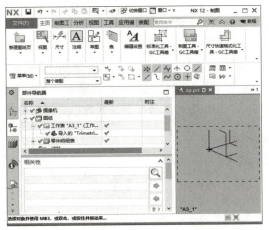

图 5-17 工程图工作界面

### 3.2 工程图参数

工程图参数用于在工程图创建过程中根据用户需要进行相关参数预设置。例如，箭头的大小、线条的粗细、隐藏线的显示与否、视图边界面的显示和颜色设置等。

参数预设置，可以选择"菜单"→"文件"→"实用工具"→"用户默认设置"命令进行设置，也可以到工程图设计界面中选择"菜单"→"首选项"→"制图"命令。下面对各设置参数分别进行介绍。

（1）预设置制图参数

UG NX 12.0 工程制图在添加视图前，应先进行制图的参数预设置。预设置制图参数的方法是选择"菜单"→"首选项"→"制图"命令，系统弹出如图 5-18 所示"制图首选项"对话框。通过该对话框可以设置"常规/设置""公共""图纸格式""尺寸""注释""符号"和"表"等参数。

（2）预设置视图参数

视图参数用于设置视图中隐藏线、轮廓线、剖视图背景线和光滑边等对象的显示方式。如果要修改视图显示方式或为一张新工程图设置其显示方式，可通

图 5-18 "制图首选项"对话框

过设置视图显示参数来实现，如果不进行设置，则系统会以默认选项进行设置。

（3）预设置注释参数

预设置注释参数包括 GDT、符号标注、表面粗糙度符号、焊接符号、目标点符号、相交符号、剖面线/区域填充、中心线等。在图 5-18 所示的"制图首选项"对话框中，单击"注释"选项，弹出"注释"对话框，如图 5-19 所示。

（4）预设置尺寸参数

预设置尺寸参数包括工作流程、公差、双尺寸、单侧尺寸、尺寸集、倒斜角、尺寸线、径

图 5-19 "注释"对话框

向、坐标、文本、参考、孔标注等。在图 5-18 所示"制图首选项"对话框中，单击"尺寸"选项，弹出"尺寸"对话框，如图 5-20 所示。

图 5-20 "尺寸"对话框

### 3.3 图样操作

在 UG NX 12.0 环境中，任何一个三维模型都可以通过不同的投影方法、不同的图样尺寸和不同的比例建立多样的二维工程图。

#### 3.3.1 新建图纸页

系统生成工程图中的设置不一定适用于用户的三维模型的比例，因此，在添加视图前，用户最好新建一张工程图，按输出三维实体的要求，来指定工程图的名称、图幅大小、绘图单位、视图默认比例和投影角度等工程图参数，下面对新建工程图的过程和方法进行说明。

进入工程图功能模块后，单击"视图"面组中的"新建图纸页"按钮，或选择"菜单"→"插入"→"图纸页"命令，系统弹出如图 5-21 所示的"工作表"对话框。在该对话框中，选择图纸的大小，输入图纸页名称，指定图样尺寸、比例、投影角度和单位等参数后，单击"确定"按

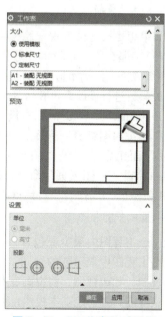

图 5-21 "工作表"对话框

钮，系统弹出如图 5-22 所示的"视图创建向导"对话框。首先应确定要创建的工程图是用户当前打开的模型文件，然后单击"下一步"按钮，对话框过渡到"选项"选项卡。这时可设置视图显示的一些选项，如边界要不要显示，隐藏线的显示类型、中心线、轮廓线、标签和预览的样式等，设置完成后，单击"下一步"按钮，对话框过渡到"方向"选项卡。这时需要设置视图的方位，一般采用默认的"前视图"，单击"下一步"按钮，对话框过渡到"布局"选项卡，这时需要选择视图的组合，用户根据需要选择所要的视图，最后单击"完成"按钮，完成图纸页的创建。

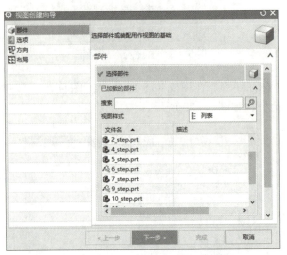

图 5-22 "视图创建向导"对话框

完成新建工程图的工作后，在绘图工作区会显示新设置的工程图，其工程图名称显示于绘图工作区左下角的位置，可根据实际需要设置工程图规格。

### 3.3.2 编辑图纸页

如果想更换一种表现三维模型的方式（如增加剖视图等），那么原来设置的工程图参数势必不合要求（如图纸规格、比例不适当），这时可以对已有的工程图有关参数进行修改，可在"部件导航器"中选择需要打开的图纸页，单击鼠标右键，在弹出的快捷菜单中选择"编辑图纸页"命令，如图 5-23 所示。单击"视图"面组中的"编辑图纸页"按钮或选择"菜单"→"编辑"→"图纸页"命令，系统弹出类似于如图 5-21 所示的"工作表"对话框。

### 3.3.3 基本视图

一个工程图中最少要包含一个基本视图，基本视图也是工程图中最重要的视图，它可以是实体模型的

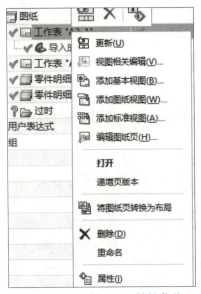

图 5-23 编辑图纸页快捷菜单

各种视图，如俯视图、前视图、右视图等中的一种。在选择基本视图时，应该尽量反映物体的主要形状特征。要创建基本视图，可单击"视图"面组中的"基本视图"按钮，或选择"菜单"→"插入"→"视图"→"基本"命令，系统弹出如图 5-24 所示的"基本视图"对话框。在该对话

框中，可以选择需添加的部件模型、基本视图的种类以及视图的样式、显示比例等参数。

### 3.3.4 添加投影视图

一般情况下，单一的基本视图很难将实体模型的形状特征表达清楚，在添加完成基本视图后，还需要进行其他投影视图的添加才能够完整地表达实体模型的形状及结构特征。在创建好基本视图后继续移动鼠标，此时将自动弹出如图 5-25 所示的"投影视图"对话框，然后在视图中的适当位置单击，即可添加其他投影视图。或单击"视图"面组中的"投影视图"按钮，或选择"菜单"→"插入"→"视图"→"投影"命令，同样弹出如图 5-25 所示的"投影视图"对话框。

图 5-24 "基本视图"对话框

图 5-25 "投影视图"对话框

### 3.3.5 添加局部放大图

局部放大图在实际的工程图设计中时常应用到。例如，针对一些模型中的细小特征或结构，需要创建该特征或该结构的局部放大图。

单击"视图"面组中的"局部放大图"按钮，或选择"菜单"→"插入"→"视图"→"局部放大图"命令，系统弹出如图 5-26 所示的"局部放大图"对话框。

### 3.3.6 添加剖视图

当绘制的某些零件内部结构较为复杂时，其内部结构很难用一般的视图表达清楚，给看图和标注尺寸带来困难，此时可以为工程图添加各类剖视图，如全剖视图、半剖视图、旋转剖视图、展开剖视图以及局部剖视图，以便更清晰、更准确地表达该实体模型的内部结构。

单击"视图"面组中的"剖视图"按钮，或选择"菜单"→"插入"→"视图"→"剖视图"命令，系统弹出如图 5-27 所示的"剖视图"对话框。在"截面线"选项组中的"定义"下拉列表中选择"动态"或

图 5-26 "局部放大图"对话框

"选择现有的"选项。当选择"动态"选项时,允许指定动态截面线,如图5-27所示,"方法"下拉列表中有"简单剖/阶梯剖""半剖""旋转"和"点到点"等选项,可以选择方法创建类型;当选择"选择现有的"选项时,选择用于剖视图的独立截面线,指定视图原点,即可创建所需的剖视图。

图5-27 "剖视图"对话框

对于指定动态截面线的情形,如果需要修改默认的截面线线型(即剖切线样式),可以在"设置"选项组中单击"设置"按钮,系统弹出如图5-28所示的对话框。利用该对话框定制满足当前设计要求的截面线样式和视图标签。

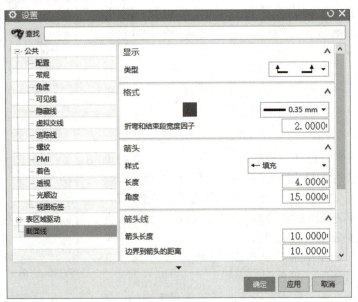

图5-28 "设置"对话框

根据实际需要，在软件中可以创建简单剖视图、阶梯剖视图、半剖视图、旋转剖视图、展开剖视图及局部剖视图等。

### 3.4 尺寸标注和注释

#### 3.4.1 尺寸标注

尺寸标注用于标识对象的尺寸大小。由于 UG NX 12.0 工程图模块和三维实体造型模块是完全关联的，因此，在工程图中进行尺寸标注就是直接引用三维模型真实的尺寸，具有实际的含义，因此无法像二维软件中的尺寸那样可以进行改动，如果要改动零件中的某个尺寸参数，需要在三维实体中修改。如果三维模型被修改，工程图中的相应尺寸会自动更新，从而保证了工程图与模型的一致性。

选择"菜单"→"插入"→"尺寸"，子菜单中的命令如图 5-29 所示，或单击如图 5-30 所示的"尺寸"面组中相应的按钮，系统弹出各自的对话框。在该对话框中，一般可以设置尺寸类型、点/线位置、引线位置、附加文字、公差设置和尺寸线设置等，应用这些对话框可以创建和编辑各种类型的尺寸。

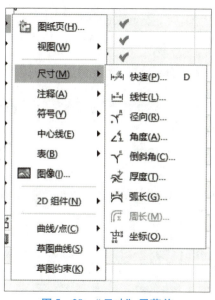

图 5-29 "尺寸"子菜单

图 5-30 "尺寸"面组

#### 3.4.2 文本编辑器

单击相关对话框中的"编辑文本"按钮，系统弹出如图 5-31 所示的"文本"对话框。通过该对话框可对模块中的文本进行文字、符号、文字样式、文字高度等属性的编辑。

#### 3.4.3 插入中心线

（1）中心标记

"中心标记"命令用于在点、圆心或弧心等位置创建中心标记。单击"注释"面组中的"中心标记"按钮，或选择"菜单"→"插入"→"中心线"→"中心标记"命令，系统弹出如图 5-32 所示的"中心标记"对话框。

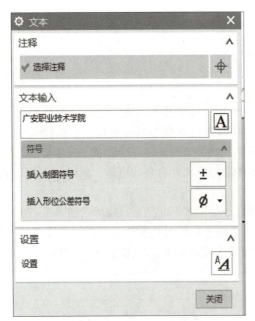

图 5-31 "文本"对话框

图 5-32 "中心标记"对话框

单击"选择对象"按钮,在视图中指定对象,单击"确定"按钮即可生成中心点标记。编辑中心点标记时,需要在单击"选择中心标记"按钮后选取中心点标记,然后通过输入"缝隙""中心十字""延伸"及"角度"的值等方式来控制中心标记的显示。

（2）对称中心线

该选项用于在图样上创建对称中心线,以指明几何体中的对称位置。其目的是节省绘制对称几何体另一半的时间。单击"注释"面组中的"对称中心线"按钮,或选择"菜单"→"插入"→"中心线"→"对称"命令,系统弹出如图 5-33 所示的"对称中心线"对话框。利用该对话框可创建对称中心线。

（3）自动中心线

该选项用于为视图自动添加中心线,用户只需直接指定视图即可。如果螺栓圆孔不是圆形实例集,则将为每个孔创建一条线性中心线。该选项不能为小平面表示视图、展开剖视图和旋转剖视图自动添加中心线。单击"注释"面组中的"自动中心线"按钮,或选择"菜单"→"插入"→"中心线"→"自动"命令,系统弹出如图 5-34 所示的"自动中心线"对话框。选取视图,单击"确定"按钮,完成自动中心线添加。

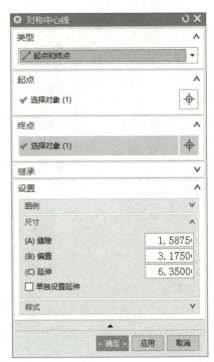

图 5-33 "对称中心线"对话框

### 3.4.4 文本注释

文本注释主要用于对图样相关内容进行进一步说明。例如,特征某部分的具体要求、标题栏中有关文本,以及技术要求等。单击"注释"面组中的"注释"按钮,或选择"菜单"→"插入"→"注释"→"注释"命令,系统弹出如图 5-35 所示的"注释"对话框。

图 5-34 "自动中心线"对话框

图 5-35 "注释"对话框

### 3.4.5 几何公差标注

几何公差的标注是将几何、尺寸和公差符号组合在一起的标注。"特征控制框"命令的作用主要为标注几何公差等。单击"注释"面组中的"特征控制框"按钮,或选择"菜单"→"插入"→"注释"→"特征控制框"命令,系统弹出如图 5-36 所示的"特征控制框"对话框。

### 3.4.6 基准特征

"基准特征符号"命令主要用于注释基准符号。单击"注释"面组中的"基准特征符号"按钮,或选择"菜单"→"插入"→"注释"→"基准特征符号"命令,系统弹出如图 5-37 所示的"基准特征符号"对话框。

### 3.4.7 表面粗糙度符号标注

单击"注释"面组中的"表面粗糙度符号"按钮,或选择"菜单"→"插入"→"注释"→"表面粗糙度符号"命令,系统弹出如图 5-38 所示的"表面粗糙度"对话框,用于在视图中对所选对象进行表面粗糙度的标注。

图 5-36 "特征控制框"对话框

项目五 物料存储模块装配与工程图  227

图 5-37 "基准特征符号"对话框

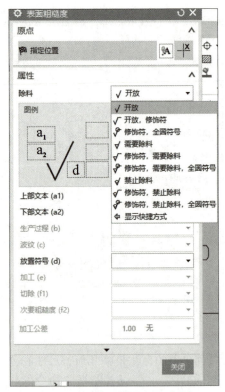

图 5-38 "表面粗糙度"对话框

## 任务一  物料存储模块装配建模

**任务简介**

某企业接到了《工业机器人应用编程》1+X 证书考核平台生产任务,现需要对平台中物料存储模块进行装配,为了保证装配质量,满足客户要求,该企业现需对物料存储模块进行装配模拟,物料存储模块装配情况如图 5-39 所示。

图 5-39  物料存储模块三维图

假设你是负责该项目的工程师,请你利用 UG NX 12.0 三维建模软件完成物料存储模块中的物料存储模块装配模拟并生成爆炸图,同时创建物料存储模块爆炸图。实训任务要求见表 5-1。

表 5-1  物料存储模块装配要求

| 序号 | 要求 |
| --- | --- |
| 1 | 三维模型每一个模块位置都应严格按照平面图要求执行 |
| 2 | 本次装配采用自底向上装配形成组件 |
| 3 | 组件添加到装配以后,要灵活运用编辑组件功能 |
| 4 | 在装配过程中,需要考虑模型装配的约束条件,以确定组件的装配位置 |
| 5 | 对于按圆周或线性分布的组件要求采用阵列方式进行装配 |
| 6 | 对于按一个基准面对称分布的组件,要求采用镜像装配的方式进行装配 |
| 7 | 完成装配后,采用爆炸图来显示装配部件各组件的位置 |

**实训分组**

实训任务分配表见表5-2。

表5-2 实训任务分配表

| 组长 | | 学号 | | 电话 | |
|---|---|---|---|---|---|
| 专业教师 | | | 企业导师 | | |
| 组员 | 姓名：_____ 姓名：_____ 姓名：_____ | 学号：_____ 学号：_____ 学号：_____ | 姓名：_____ 姓名：_____ 姓名：_____ | 学号：_____ 学号：_____ 学号：_____ | |
| 小组成员任务分工 | | | | | |
| | | | | | |

**任务咨询**

请同学们利用网络资源和图书资源，查阅关于UG NX 12.0三维建模软件使用方法，熟悉UG NX 12.0软件装配文件的创建、装配文件的导入、装配约束的添加、装配体爆炸图的创建等指令的使用方法，掌握物料存储模块装配的方法，并将查询的相关信息填写在表5-3~表5-5中。

表5-3 任务咨询网站信息

| 序号 | 查询网站名称 | 查询网站网址 |
|---|---|---|
| 1 | | |
| 2 | | |
| 3 | | |

表5-4 任务咨询图书信息

| 序号 | 查询图书名称 | 查询图书范围 |
|---|---|---|
| 1 | | |
| 2 | | |
| 3 | | |

表5-5 任务咨询信息整理

| 信息记录 |
|---|
| |
| |
| |

**任务计划**

请同学们根据任务要求，结合任务咨询结果，制订一份关于物料存储模块中的物料存储模块装配建模计划书，并将相关信息填写在表 5-6 中。

表 5-6  物料存储模块装配建模计划书

| 任务名称 | |
|---|---|
| 任务流程图 | |
| 任务指令 | |
| 任务注意事项 | |

项目五　物料存储模块装配与工程图

操作步骤

物料存储模块装配建模操作步骤见表5-7。

物料存储模块装配建模

表5-7 物料存储模块装配建模步骤

| 序号 | 图片展示 | 说明 |
|---|---|---|
| 1 |  | 创建装配文件：<br>1）打开软件，单击①"新建"菜单或按 Ctrl + N 组合键，弹出如图所示窗口。<br>2）选中②"装配"，在③"名称"栏填写文件名，指定存放位置，单击④"确定"按钮。 |
| 2 |  | 装配底板（1）：<br>单击①"添加"按钮，"添加组件"在对话框，然后单击②"打开"按钮，系统弹出"部件名"对话框。 |
| 3 |  | 装配底板（2）：<br>1）在弹出的"部件名"对话框中，选择①"底板"文件。<br>2）单击②"确定"按钮，弹出"部件名"对话框。 |

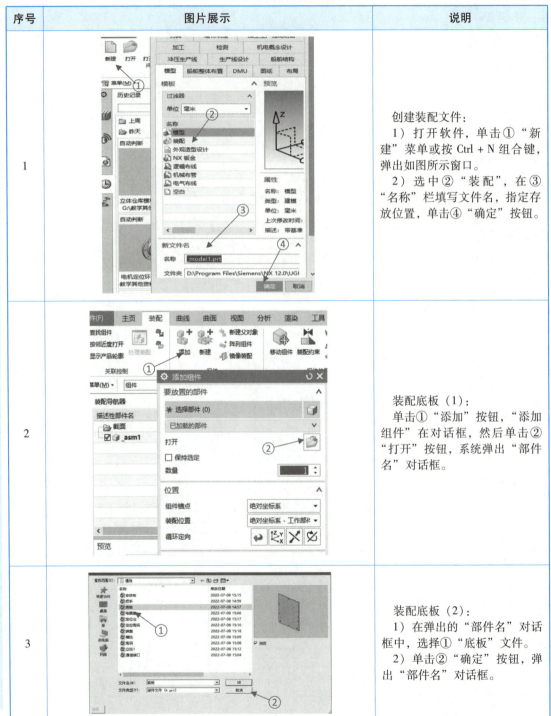

■ UG数字化设计全实例教程

续表

| 序号 | 图片展示 | 说明 |
|---|---|---|
| 4 | 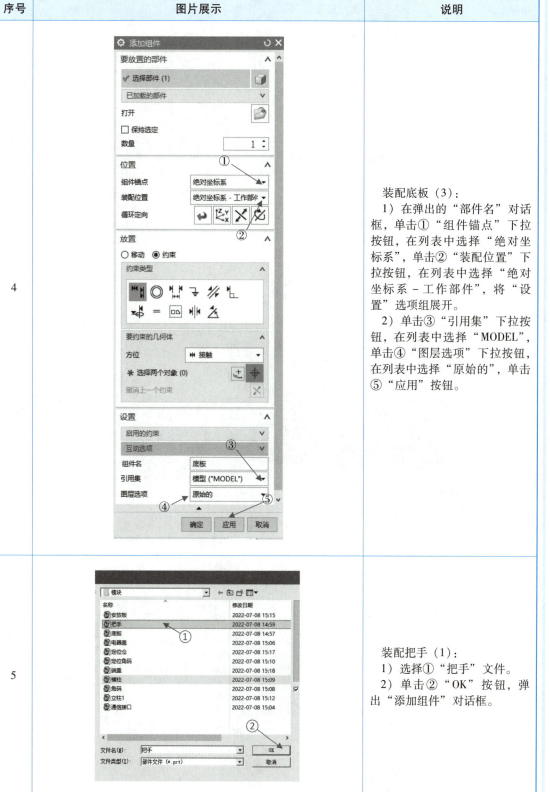 | 装配底板（3）：<br>1）在弹出的"部件名"对话框，单击①"组件锚点"下拉按钮，在列表中选择"绝对坐标系"，单击②"装配位置"下拉按钮，在列表中选择"绝对坐标系－工作部件"，将"设置"选项组展开。<br>2）单击③"引用集"下拉按钮，在列表中选择"MODEL"，单击④"图层选项"下拉按钮，在列表中选择"原始的"，单击⑤"应用"按钮。 |
| 5 |  | 装配把手（1）：<br>1）选择①"把手"文件。<br>2）单击②"OK"按钮，弹出"添加组件"对话框。 |

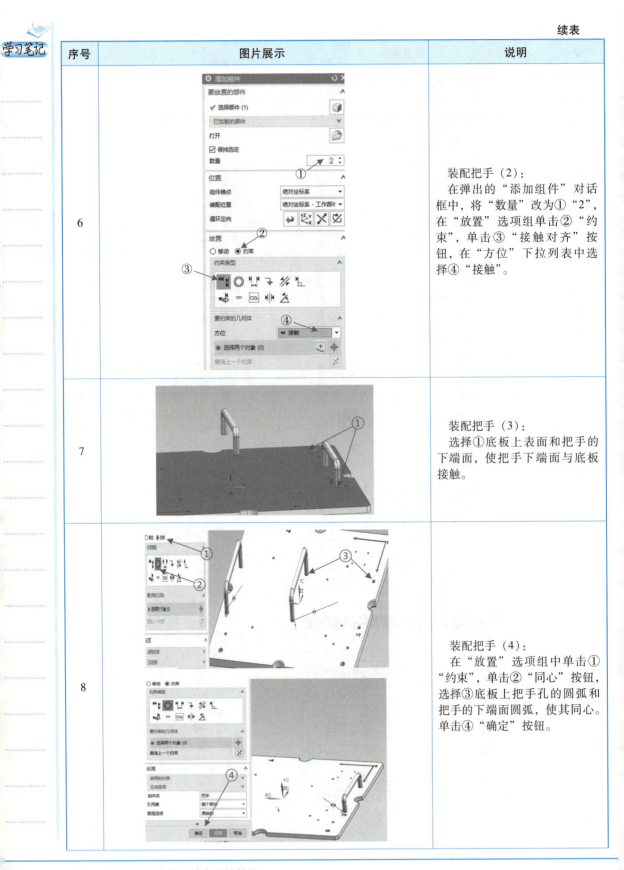

续表

| 序号 | 图片展示 | 说明 |
|---|---|---|
| 9 | 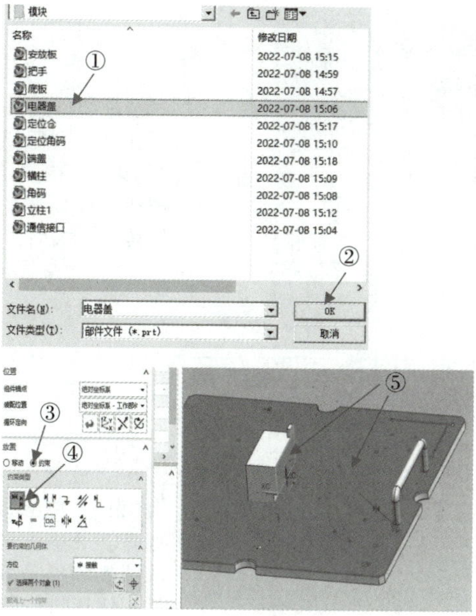  | 装配电器盖（1）：<br>单击①"电器盖"文件，单击②"OK"按钮，弹出"添加组件"对话框，在"放置"选项组单击③"约束"，单击④"接触对齐"按钮，选择⑤底板上表面和电器盖的下端面，使其接触对齐。 |
| 10 | 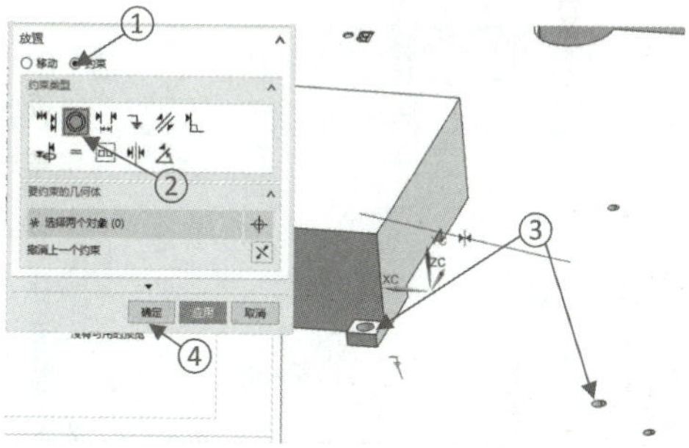  | 装配电器盖（2）：<br>在"放置"选项组中单击①"约束"，单击②"同心"按钮，选择③底板上电器盖固定孔的圆弧和电器盖的下端面圆弧，使其同心。单击④"确定"按钮。 |
| 11 | 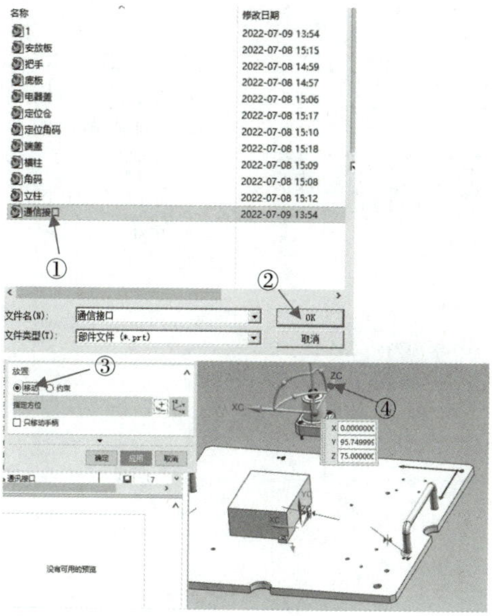  | 装配通信接口（1）：<br>选择单击①"通信接口"文件，单击②"OK"按钮，弹出"添加组件"对话框，在"放置"选项组中单击③"移动"，选择④坐标轴，将通信接口放到合适的位置。 |

项目五　物料存储模块装配与工程图　235

续表

| 序号 | 图片展示 | 说明 |
|---|---|---|
| 12 | | 装配通信接口（2）：<br>在"放置"选项组中单击①"约束"，单击②"接触对齐"按钮，选择③底板上表面和通信接口下端面，使其接触。 |
| 13 | | 装配通信接口（3）：<br>在"放置"选项组单击①"约束"，单击②"同心"按钮，选择③底板上通信接口螺栓孔的圆弧和通信接口上螺栓孔圆弧，使其同心。单击④"确定"按钮。 |
| 14 | | 装配角码（1）：<br>单击选择①"角码"文件，单击②"OK"按钮，弹出"添加组件"对话框，在"放置"选项组单击③"约束"，选择④"接触对齐"，选择⑤底板上表面和角码下端面，使其接触对齐。 |

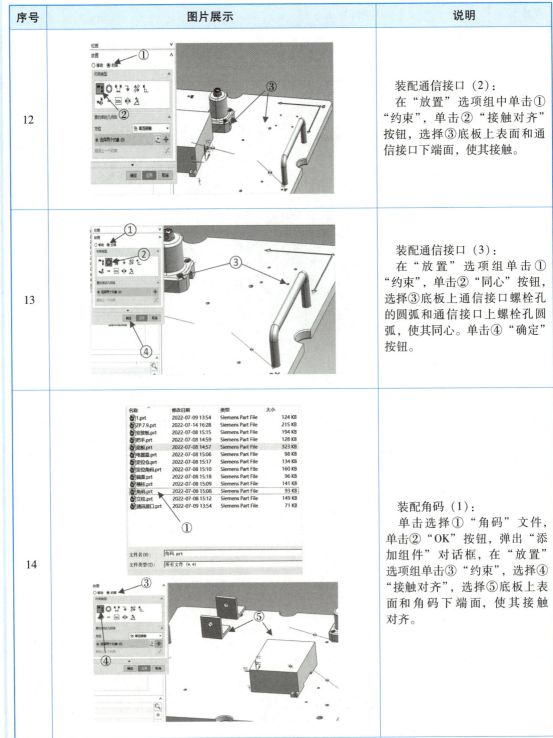

236　■ UG 数字化设计全实例教程

续表

| 序号 | 图片展示 | 说明 |
|---|---|---|
| 15 | 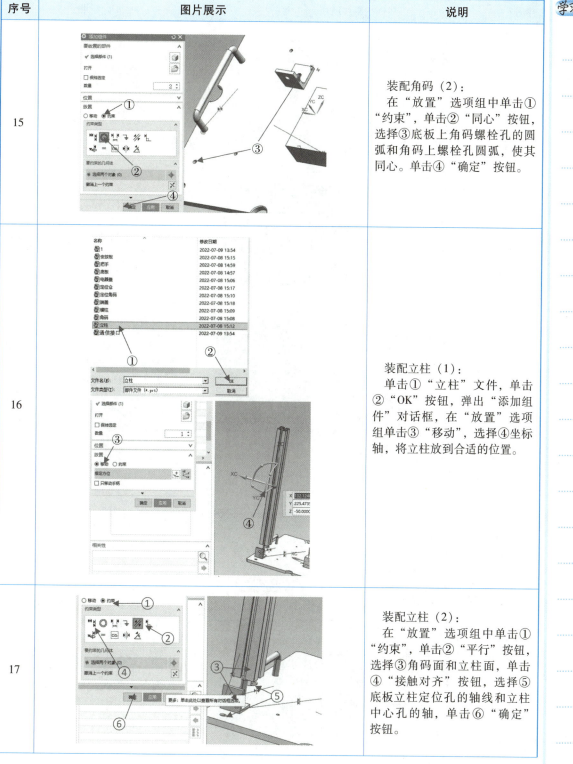 | 装配角码（2）：<br>在"放置"选项组中单击①"约束"，单击②"同心"按钮，选择③底板上角码螺栓孔的圆弧和角码上螺栓孔圆弧，使其同心。单击④"确定"按钮。 |
| 16 | | 装配立柱（1）：<br>单击①"立柱"文件，单击②"OK"按钮，弹出"添加组件"对话框，在"放置"选项组单击③"移动"，选择④坐标轴，将立柱放到合适的位置。 |
| 17 | | 装配立柱（2）：<br>在"放置"选项组中单击①"约束"，单击②"平行"按钮，选择③角码面和立柱面，单击④"接触对齐"按钮，选择⑤底板立柱定位孔的轴线和立柱中心孔的轴，单击⑥"确定"按钮。 |

项目五　物料存储模块装配与工程图　237

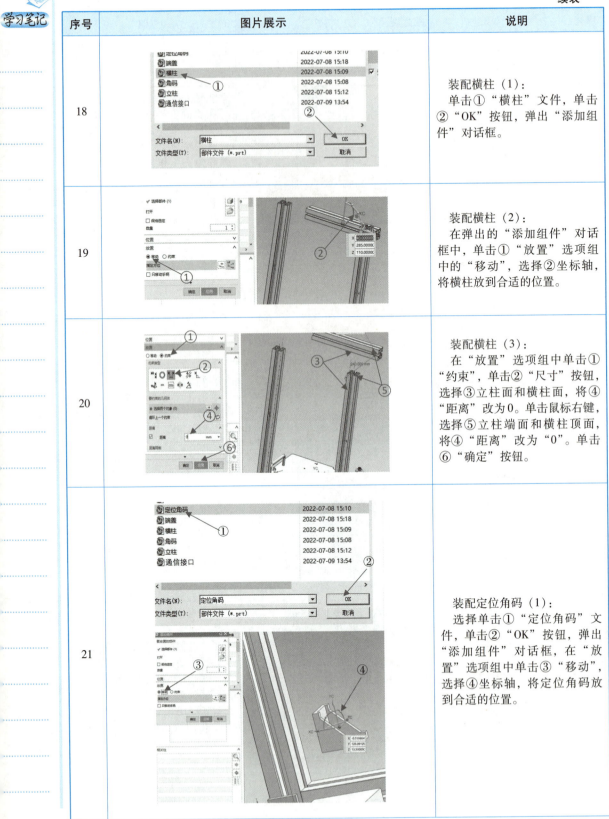

续表

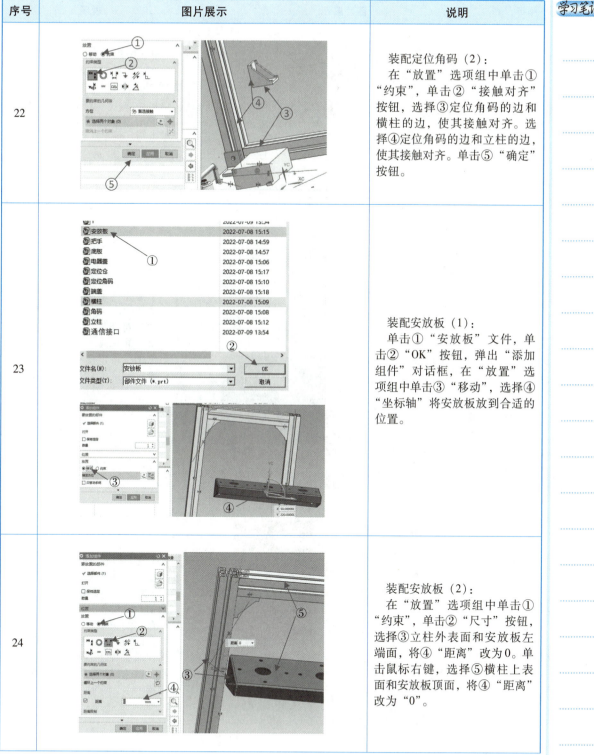

| 序号 | 图片展示 | 说明 |
|---|---|---|
| 22 | | 装配定位角码（2）：<br>在"放置"选项组中单击①"约束"，单击②"接触对齐"按钮，选择③定位角码的边和横柱的边，使其接触对齐。选择④定位角码的边和立柱的边，使其接触对齐。单击⑤"确定"按钮。 |
| 23 | | 装配安放板（1）：<br>单击①"安放板"文件，单击②"OK"按钮，弹出"添加组件"对话框，在"放置"选项组中单击③"移动"，选择④"坐标轴"将安放板放到合适的位置。 |
| 24 | | 装配安放板（2）：<br>在"放置"选项组中单击①"约束"，单击②"尺寸"按钮，选择③立柱外表面和安放板左端面，将④"距离"改为0。单击鼠标右键，选择⑤横柱上表面和安放板顶面，将④"距离"改为"0"。 |

| 序号 | 图片展示 | 说明 |
|---|---|---|
| 25 | | 装配安放板（3）：<br>在"放置"选项组中单击①"约束"，单击②"接触对齐"按钮，选择③横柱内表面和安放板后表面，使其接触对齐。单击④"确定"按钮。 |
| 26 | | 装配定位仓（1）：<br>单击①"定位仓"文件，单击②"OK"按钮，弹出"添加组件"对话框，在"放置"选项组中单击③"移动"，选择④坐标轴，将定位仓放到合适的位置。 |
| 27 | | 装配定位仓（2）：<br>在"约束类型"中，单击①"接触对齐"按钮，选择②定位仓中的轴线和安放板上圆的轴，再在"约束类型"中，单击③"尺寸"按钮，选择④定位仓底面和安放板上表面，将⑤"距离"改为"0"单击⑥"确定"按钮。 |

续表

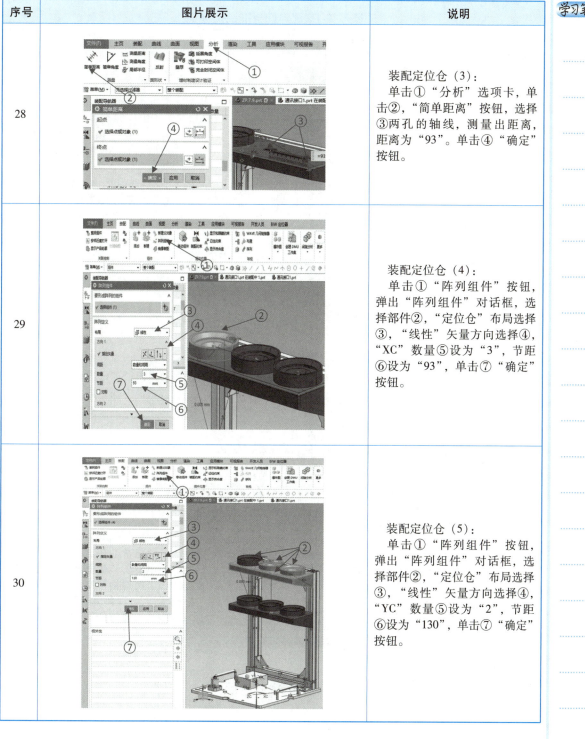

| 序号 | 图片展示 | 说明 |
|---|---|---|
| 28 | | 装配定位仓（3）：<br>单击①"分析"选项卡，单击②，"简单距离"按钮，选择③两孔的轴线，测量出距离，距离为"93"。单击④"确定"按钮。 |
| 29 | | 装配定位仓（4）：<br>单击①"阵列组件"按钮，弹出"阵列组件"对话框，选择部件②，"定位仓"布局选择③，"线性"矢量方向选择④，"XC"数量⑤设为"3"，节距⑥设为"93"，单击⑦"确定"按钮。 |
| 30 | | 装配定位仓（5）：<br>单击①"阵列组件"按钮，弹出"阵列组件"对话框，选择部件②，"定位仓"布局选择③，"线性"矢量方向选择④，"YC"数量⑤设为"2"，节距⑥设为"130"，单击⑦"确定"按钮。 |

装配体爆炸图的创建步骤见表 5－8。

表 5－8 装配体爆炸图的创建步骤

| 序号 | 图片展示 | 说明 |
| --- | --- | --- |
| 1 |  | 创建模型文件：<br>1) 打开软件，单击①"文件"菜单中的"新建"选项，或按 Ctrl + N 组合键，弹出如图所示窗口。<br>2) 选中②"装配"，③"名称"栏填写文件名，"文件夹"栏指定存放位置，单击④"确定"按钮。 |
| 2 |  | 在"主页"单击①"文件"，再单击"打开"，在"打开"的对话框中找到需要爆炸的装配模型。 |
| 3 |  | 新建爆炸图：<br>单击①"爆炸图"按钮，在弹出的对话框中单击②"新建爆炸"，在弹出的对话框，填写中③新建爆炸图的名称，单击④"确定"按钮，完成爆炸图新建。 |

242　■ UG 数字化设计全实例教程

续表

| 序号 | 图片展示 | 说明 |
|---|---|---|
| 4 | 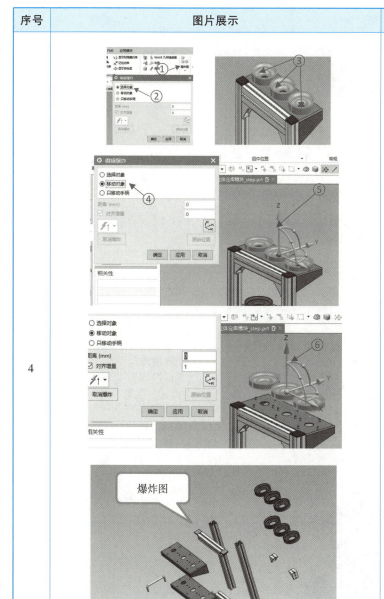 | 编辑爆炸：<br>1）单击①"编辑爆炸"，在对话框中选择②"选择对象"，在装配图中选择③定位仓，选择④"移动对象"，弹出⑤移动坐标界面。<br>2）右键按住坐标轴不放，拖动坐标轴，放到想放的位置，如图⑥所示。<br>3）按照①~⑥的步骤对立体仓库其他零件进行爆炸图的创建。 |

项目五 物料存储模块装配与工程图

续表

| 序号 | 图片展示 | 说明 |
|---|---|---|
| 5 | 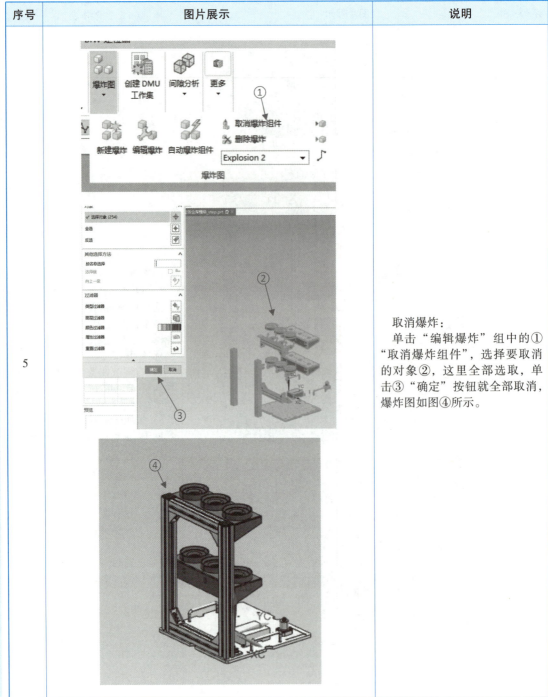 | 取消爆炸：<br>单击"编辑爆炸"组中的①"取消爆炸组件"，选择要取消的对象②，这里全部选取，单击③"确定"按钮就全部取消，爆炸图如图④所示。 |

**任务实施**

请同学们根据任务计划阶段做的物料存储模块装配建模计划书,并结合操作步骤的内容,利用 UG NX 12.0 三维建模软件完成物料存储模块装配建模,并将建好的模型上传到超星网络教学平台。在实训过程中,请将问题、解决办法以及心得体会记录在表 5-9 中。

表 5-9　实训过程记录表

| | |
|---|---|
| 实训中出现的问题 | |
| 实训问题解决办法 | |
| 实训心得体会 | |

**学习笔记**

项目五　物料存储模块装配与工程图　245

## 任务检查

同学完成装配任务之后，请找两位同学（一位来自小组内，一位来自小组外）为你的作品评分，同时，在超星平台中查看企业导师与专业教师的评分情况，并根据老师、导师以及同学的评分修订作品。物料安放板建模评分表见表 5-10。

表 5-10 物料安放板建模评分表

| 姓名 | | | 学号 | | 得分 | |
|---|---|---|---|---|---|---|
| 序号 | 检查内容及标准 | | 配分 | 组内评分 | 组外评分 | 导师评分 | 教师评分 |
| 1 | 创建装配文件正确得 10 分 | | 10 | | | | |
| 2 | 能正确添加组件得 10 分 | | 10 | | | | |
| 3 | 正确完成一个模型装配得 5 分 | | 40 | | | | |
| 4 | 生成爆炸图正确得 10 分 | | 10 | | | | |
| 5 | 取消爆炸图正确得 10 分 | | 10 | | | | |
| 6 | 实训过程中未违反课题规章制度得 2 分 | | 2 | | | | |
| 7 | 按照实训设备使用规程操作设备得 5 分 | | 5 | | | | |
| 8 | 按时参加学习，无迟到、早退得 3 分 | | 3 | | | | |
| 9 | 实训过程中能主动帮助同学得 5 分 | | 5 | | | | |
| | 合计总分 | | 100 | | | | |
| 评分评语 | | | | | | | |
| 评分人员签字 | | | | | | | |

注意：本项目组内评分占 20%，组外评分占 20%，企业导师评分占 30%，专业课教师评分占 30%。

思政沙龙

### 1. 活动讨论

只有将物料存储模块每一个零件装到合适的位置,整个模块才能发挥其功能,保证整个《工业机器人应用编程》1+X证书考核平台能正常使用。请同学们讨论一下,在新时代,作为当代大学生,应该怎么给自己定位,从而为祖国的快速发展贡献我们的力量,将讨论信息记录在表5-11中。

表5-11 讨论记录表

| 讨论信息 |
|---|
|  |
|  |
|  |
|  |
|  |

### 2. 导师点评

利用QQ、微信、学习通APP等聊天软件与企业导师连线,请同学们将企业导师的点评信息记录在表5-12中。

表5-12 讨论记录表

| 导师点评信息 |
|---|
|  |
|  |
|  |
|  |
|  |

### 3. 教师点评

请同学们将专业教师的点评信息记录在表5-13中。

表5-13 讨论记录表

| 教师点评信息 |
|---|
|  |
|  |
|  |
|  |
|  |

### 任务拓展

某企业《工业机器人应用编程》1+X证书考核平台生产任务。现已根据二维平面图纸完成了各个零件的三维建模,并装配成了相应的模块,为了检验各个模块之间位置是否满足要求,公司需要利用三维软件将各个模块组装在实训平台上,其效果如图5-40所示。

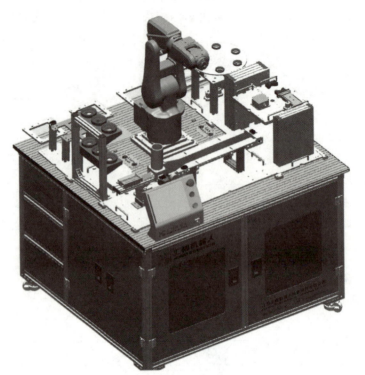

图5-40 《工业机器人应用编程》平台装配图

假设你是负责该项目的工程师,请利用 UG NX 12.0 三维建模软件完成《工业机器人应用编程》1+X证书考核平台装配,相关要求见表5-14。

表5-14 《工业机器人应用编程》平台装配要求

| 序号 | 要求 |
| --- | --- |
| 1 | 各个模块需要按照要求装配到平台的对应位置 |
| 2 | 各个模块装配之后,应处于水平位置,严禁倾斜 |
| 3 | 平台装配采用自底向上装配形成组件 |
| 4 | 在装配过程中,需要考虑模型装配的约束条件,以确定组件的装配位置 |
| 5 | 对于按圆周或线性分布的组件,要求采用阵列方式进行装配 |
| 6 | 对于按一个基准面对称分布的组件,要求采用镜像装配的方式进行装配 |
| 7 | 完成装配后,采用爆炸图来显示装配部件各组件的位置 |
| 8 | 装配好之后,请将作品上传到超星平台中 |
| 9 | 请同学们根据超星平台中建模评分要求进行相互评分 |

## 任务二  物料存储模块定位仓工程图

**任务简介**

某企业需要生产《工业机器人应用编程》1+X 证书考核平台，现需根据定位仓的三维模型创建工程图，如图 5-41 所示。

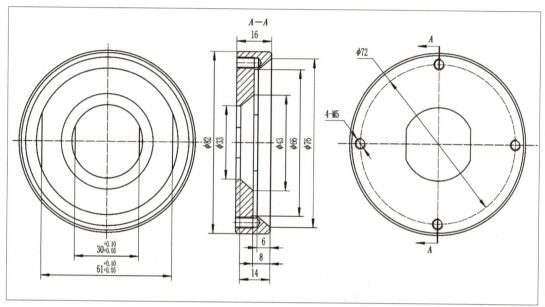

图 5-41  定位仓工程图

假设你是该项目的工程师，请你利用 UG NX 12.0 三维建模软件完成该工程图的创建，要求见表 5-15。

表 5-15  定位仓工程图创建要求

| 序号 | 要求 |
| --- | --- |
| 1 | 严格按照工程图绘制三维图后，转成工程图 |
| 2 | 能够正确标注"圆柱""直径"和"公差"等，以及创建剖视图 |
| 3 | 能够正确填写标题栏和书写技术要求 |
| 4 | 图纸内容要素齐全，符合制图规范 |

**实训分组**

实训任务分配表见表5-16。

表5-16 实训任务分配表

| 组长 | | 学号 | | 电话 | |
|---|---|---|---|---|---|
| 专业教师 | | | 企业导师 | | |
| 组员 | 姓名：_____ 姓名：_____ 姓名：_____ | 学号：_____ 学号：_____ 学号：_____ | | 姓名：_____ 姓名：_____ 姓名：_____ | 学号：_____ 学号：_____ 学号：_____ |
| 小组成员任务分工 | | | | | |
| | | | | | |

 **任务咨询**

请同学们利用网络资源和图书资源，查阅关于UG NX 12.0 三维建模软件创建工程图的流程、各种尺寸标注指令的使用方法，掌握基本视图、剖视图和定向视图的创建方法，掌握标题栏的填写方法，并将查询的相关信息填写在表5-17～表5-19中。

表5-17 任务咨询网站信息

| 序号 | 查询网站名称 | 查询网站网址 |
|---|---|---|
| 1 | | |
| 2 | | |
| 3 | | |

表5-18 任务咨询图书信息

| 序号 | 查询图书名称 | 查询图书范围 |
|---|---|---|
| 1 | | |
| 2 | | |
| 3 | | |

表5-19 任务咨询信息整理

| 信息记录 |
|---|
| |

**任务计划**

请同学们根据任务要求，结合任务咨询结果，制订一份关于定位仓工程图创建的计划书，并将相关信息填写在表 5-20 中。

表 5-20　定位仓工程图创建计划书

| 任务名称 | |
|---|---|
| 任务流程图 | |
| 任务指令 | |
| 任务注意事项 | |

项目五　物料存储模块装配与工程图　251

物料存储模块中的定位仓工程图创建步骤见表5-21。

定位仓工程图绘制

表5-21 定位仓工程图创建步骤

| 序号 | 图片展示 | 说明 |
|---|---|---|
| 1 | | 进入制图环境：<br>创建完模型后，单击"应用模块"下的①"制图"，进入制图环境。 |
| 2 | | 图纸大小设定：<br>单击①"新建图纸页"，弹出"工作表"，单击②"使用模板"，选择③"A4-无视图"，单击④"确定"按钮。 |
| 3 | | 视图创建向导：<br>在弹出的新窗口中，单击①"取消"按钮。 |
| 4 | | 图层设置：<br>单击①"视图"中的"图层设置"，勾选②"图层设置"中的"170"选项，单击③"关闭"按钮。 |

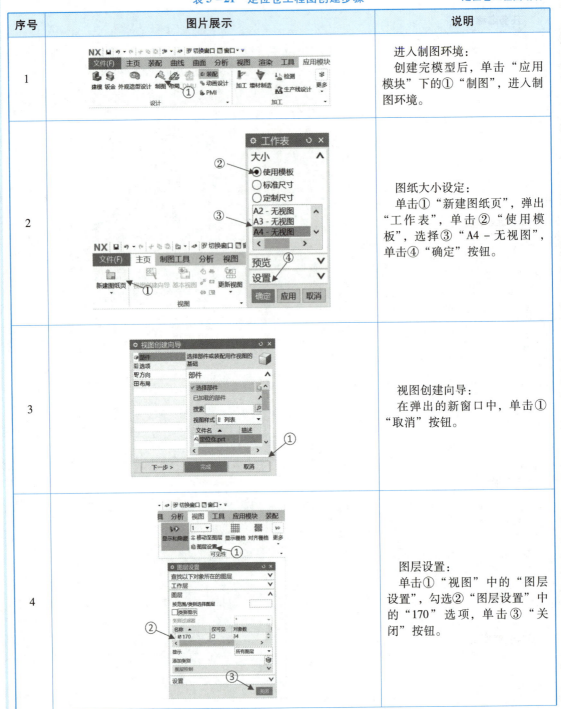

| 序号 | 图片展示 | 说明 |
|---|---|---|
| 5 | | 视图创建（1）：<br>单击①"基准坐标系"，单击右键，选择②"隐藏"，单击③"基本视图"。 |
| 6 | | 视图创建（2）：<br>1）在"要使用的模型视图"一栏，展开①下拉箭头，选择②"右视图"。<br>2）在"比例"一栏，单击③下拉箭头，选择④"比率"，并设置⑤比例为0.8:1。 |
| 7 | | 视图创建（3）：<br>在图框内合适位置，单击左键，放置①右视图，向右视图正下方移动鼠标，单击，放置②另一视图。 |

续表

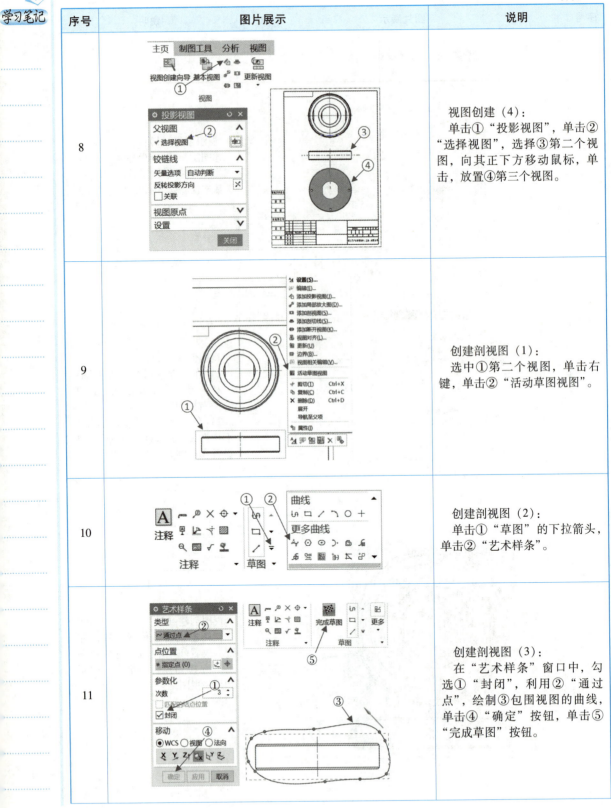

续表

| 序号 | 图片展示 | 说明 |
|---|---|---|
| 12 | 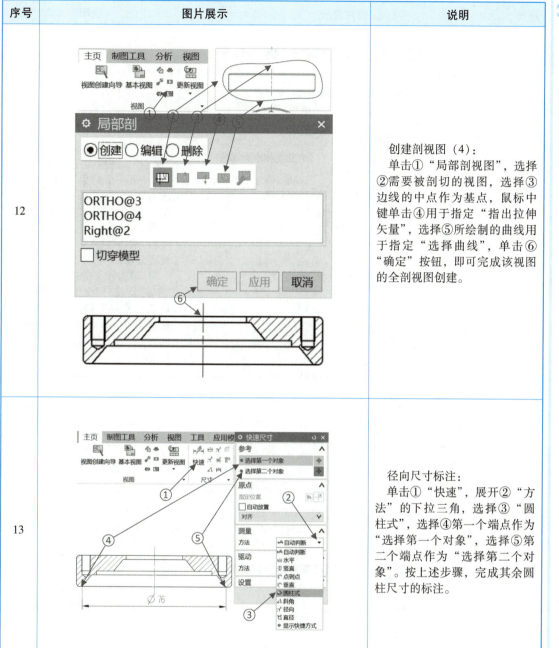 | 创建剖视图（4）：<br>单击①"局部剖视图"，选择②需要被剖切的视图，选择③边线的中点作为基点，鼠标中键单击④用于指定"指出拉伸矢量"，选择⑤所绘制的曲线用于指定"选择曲线"，单击⑥"确定"按钮，即可完成该视图的全剖视图创建。 |
| 13 |  | 径向尺寸标注：<br>单击①"快速"，展开②"方法"的下拉三角，选择③"圆柱式"，选择④第一个端点作为"选择第一个对象"，选择⑤第二个端点作为"选择第二个对象"。按上述步骤，完成其余圆柱尺寸的标注。 |

续表

| 序号 | 图片展示 | 说明 |
|---|---|---|
| 14 | 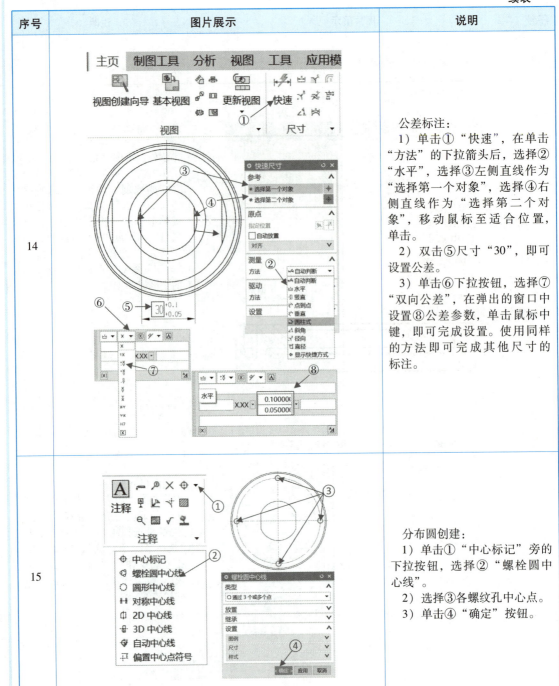 | 公差标注：<br>1）单击①"快速"，在单击"方法"的下拉箭头后，选择②"水平"，选择③左侧直线作为"选择第一个对象"，选择④右侧直线作为"选择第二个对象"，移动鼠标至适合位置，单击。<br>2）双击⑤尺寸"30"，即可设置公差。<br>3）单击⑥下拉按钮，选择⑦"双向公差"，在弹出的窗口中设置⑧公差参数，单击鼠标中键，即可完成设置。使用同样的方法即可完成其他尺寸的标注。 |
| 15 | | 分布圆创建：<br>1）单击①"中心标记"旁的下拉按钮，选择②"螺栓圆中心线"。<br>2）选择③各螺纹孔中心点。<br>3）单击④"确定"按钮。 |

续表

| 序号 | 图片展示 | 说明 |
|---|---|---|
| 16 | | 直径尺寸标注与风格设置：<br>1）双击①"快速"，单击"方法"的下拉按钮后，选择②"直径"，选择③圆弧。<br>2）保持鼠标不移动，片刻后会弹出新窗口，单击④"文本设置"。<br>3）选择⑤"方向和位置"，设置⑥"水平文本"，设置⑦"文本在短画线上"。<br>4）单击鼠标中键，移动鼠标至合适位置，单击。<br>5）按照上述步骤，完成分布圆和最外侧圆的标注。 |
| 17 | | 螺纹孔标注：<br>1）单击①"快速"，选择②"直径"。<br>2）选择③螺纹线，单击④"文本设置"。<br>3）选择⑤"前缀/后缀"，"位置"选择⑥"之前"，"直径符号"选择⑦"用户定义"，"要使用的符号"设置为⑧"4XM"。<br>4）选择⑨"尺寸文本"，设置⑩"字体间隙因子"为2。<br>5）选择⑪"方向和位置"，设置⑫"方位"为"水平文本"，设置⑬"位置"为"文本在短画线上"。<br>6）单击中键，移至合适位置，单击，放置尺寸。 |

项目五　物料存储模块装配与工程图　　257

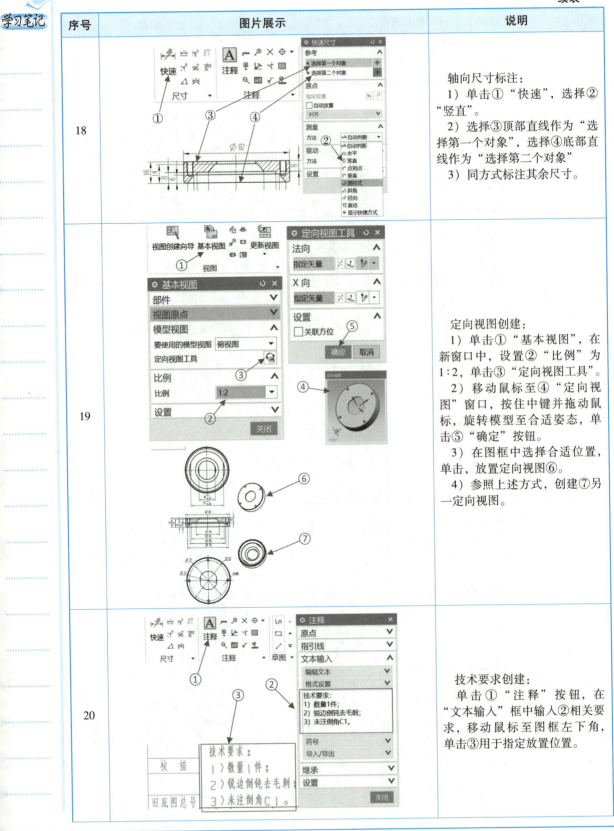

续表

| 序号 | 图片展示 | 说明 |
|---|---|---|
| 21 | 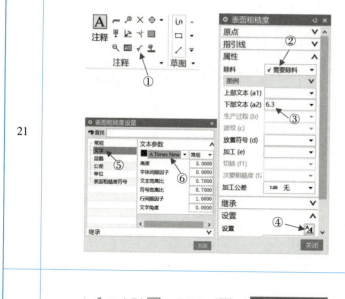 | 表面粗糙度要求创建（1）：<br>单击①表面粗糙度符号，设置②"除料"为"需要除料"，设置③"下部文本"为6.3，单击④"设置"，选择⑤"文字"，设置⑥字体为"Times New Roma"。 |
| 22 |  | 表面粗糙度要求创建（2）：<br>1）移动①鼠标至图框右上角，单击，放置该表面粗糙度符号。<br>2）单击②"注释"，在文本输入框中输入③"全部"，移动④鼠标至图框右上角，单击，放置该注释。 |
| 23 |  | 图号创建：<br>1）单击①"文件"，在展开的菜单中单击②"属性"。<br>2）在弹出新窗口中，设置③"DB_PART_NO"为"GZZN2022-05-41"，单击④"确定"，即可完成⑤图号创建。 |

项目五　物料存储模块装配与工程图

续表

| 序号 | 图片展示 | 说明 |
|---|---|---|
| 24 | ![图片：定位仓 POM ×××学校 GZZN2022-05-41 标注①②③] | 其余设置：<br>双击对应区域，即可编辑①单位、②名称和③材料等信息。 |

**任务实施**

请同学们根据任务计划阶段做的定位仓工程图创建计划书,并结合操作步骤的内容,利用 UG NX 12.0 三维建模软件,完成定位仓工程图的创建,并将建好的模型上传到超星网络教学平台。在实训过程中,请将问题、解决办法以及心得体会记录在表 5-22 中。

表 5-22 实训过程记录表

| | |
|---|---|
| 实训中出现的问题 | |
| 实训问题解决办法 | |
| 实训心得体会 | |

## 学习笔记

### 任务检查

完成建模任务之后，请找两位同学（一位来自小组内，一位来自小组外）为你的作品评分，同时，在超星平台中查看企业导师与专业教师的评分情况，并根据老师、导师以及同学的评分情况修订作品。定位仓工程图创建评分表见表 5 – 23。

表 5 – 23　定位仓工程图创建评分表

| 姓名 | | 学号 | | | 得分 | |
|---|---|---|---|---|---|---|
| 序号 | 检查内容及标准 | 配分 | 组内评分 | 组外评分 | 导师评分 | 教师评分 |
| 1 | 新建图纸页正确得 10 分 | 10 | | | | |
| 2 | 基本视图创建正确得 10 分 | 10 | | | | |
| 3 | 剖视图创建正确得 10 分 | 10 | | | | |
| 4 | 直径尺寸创建正确得 15 分 | 15 | | | | |
| 5 | 公差标注正确得 15 分 | 15 | | | | |
| 6 | 定向视图创建正确得 15 分 | 15 | | | | |
| 7 | 技术要求创建正确得 10 分 | 10 | | | | |
| 8 | 实训过程中未违反课题规章制度得 2 分 | 2 | | | | |
| 9 | 按照实训设备使用规程操作设备得 5 分 | 5 | | | | |
| 10 | 按时参加学习，无迟到、早退得 3 分 | 3 | | | | |
| 11 | 实训过程中能主动帮助同学得 5 分 | 5 | | | | |
| | 合计总分 | 100 | | | | |
| 评分评语 | | | | | | |
| 评分人员签字 | | | | | | |

注意：本项目组内评分占 20%，组外评分占 20%，企业导师评分占 30%，专业课教师评分占 30%。

## 思政沙龙

### 1. 活动讨论

针对同一个零件创建工程图，不同的工程师会有不同的结果，而最容易出错的地方往往是漏标尺寸、标注尺寸不合理、图纸空间利用不合理等。只有考虑好各个细节，才能创建出较好的工程图，请同学们讨论，我们创建工程图的时候需要考虑哪些问题？将讨论信息记录在表5-24中。

表5-24 讨论记录表

| 讨论信息 |
|---|
|  |
|  |
|  |
|  |
|  |
|  |
|  |

### 2. 导师点评

利用QQ、微信、学习通APP等聊天软件与企业导师连线，请同学们将企业导师的点评信息记录在表5-25中。

表5-25 导师点评记录表

| 导师点评信息 |
|---|
|  |
|  |
|  |
|  |
|  |

### 3. 教师点评

请同学们将专业教师的点评信息记录在表5-26中。

表5-26 教师点评记录表

| 教师点评信息 |
|---|
|  |
|  |
|  |
|  |
|  |

项目五 物料存储模块装配与工程图

**任务拓展**

自动化设备中常采用连杆传递各种力或将旋转运动转化为直线、曲线运动等，因此，连杆在工业中应用非常广泛，现有一个连杆平面图，如图 5－42 所示。

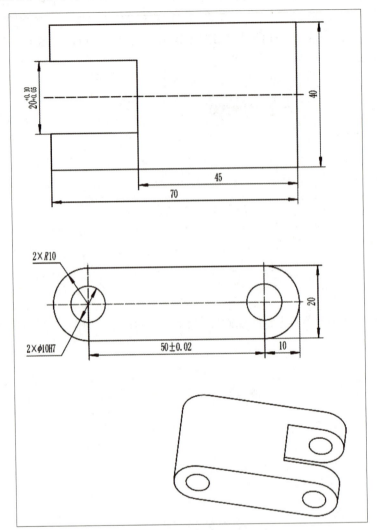

图 5－42　连杆工程图

假设你是设计该连杆的工程师，请你利用 UG NX 12.0 软件完成连杆工程图的创建，要求见表 5－27。

表 5－27　连杆工程图创建要求

| 序号 | 要求 |
| --- | --- |
| 1 | 连杆工程图应严格按照图 5－42 要求执行 |
| 2 | 结合本任务所学知识点完成连杆工程图的创建 |
| 3 | 请同学们将建好的模型上传到超星网络教学平台中 |
| 4 | 请同学们根据超星平台中的连杆工程图的评分要求进行相互评分 |

## 任务三　物料存储模块装配图

### 任务简介

某企业需要生产《工业机器人应用编程》1+X证书考核平台，现利用UG NX 12.0软件完成物料存储模块各个零件的装配，为了能让生产技术人员了解该模块装配要求，现需生成物料存储模块装配图，如图5-43所示。

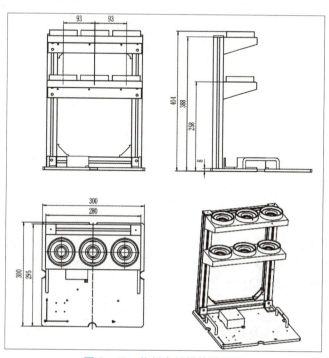

图5-43　物料存储模块装配图

假设你是该项目的工程师，请你利用UG NX 12.0软件完成物料存储模块装配图的创建，其要求见表5-28。

表5-28　物料存储模块装配图创建要求

| 序号 | 要求 |
|---|---|
| 1 | 严格按照装配好的三维模型创建装配图 |
| 2 | 正确创建装配视图且合理利用空间布局视图 |
| 3 | 合理利用中心对称线标注装配尺寸 |
| 4 | 正确创建装配尺寸且保证间距一致和美观 |
| 5 | 正确创建零件序号的标注 |
| 6 | 正确填写标题栏信息 |
| 7 | 正确填写明细表信息 |
| 8 | 装配图各个要素应完整，满足制图规范 |

项目五　物料存储模块装配与工程图　265

**实训分组**

实训任务分配表见表5-29。

表5-29 实训任务分配表

| 组长 | | | 学号 | | 电话 | |
|---|---|---|---|---|---|---|
| 专业教师 | | | | 企业导师 | | |
| 组员 | 姓名：_____ 姓名：_____ 姓名：_____ | | 学号：_____ 学号：_____ 学号：_____ | 姓名：_____ 姓名：_____ 姓名：_____ | | 学号：_____ 学号：_____ 学号：_____ |
| 小组成员任务分工 | | | | | | |
|  | | | | | | |

**任务咨询**

请同学们利用网络资源和图书资源，查阅关于UG软件创建装配图的流程，掌握明细栏的创建与设置方法，掌握标题栏的填写方法，掌握装配尺寸的标注和自动符号的标注，并将查询的相关信息填写在表5-30~表5-32中。

表5-30 任务咨询网站信息

| 序号 | 查询网站名称 | 查询网站网址 |
|---|---|---|
| 1 | | |
| 2 | | |
| 3 | | |

表5-31 任务咨询图书信息

| 序号 | 查询图书名称 | 查询图书范围 |
|---|---|---|
| 1 | | |
| 2 | | |
| 3 | | |

表5-32 任务咨询信息整理

| 信息记录 |
|---|
| |
| |
| |

**任务计划**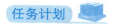

请同学们根据任务要求,结合任务咨询结果,制订一份关于物料存储模块装配图创建的计划书,并将相关信息填写在表 5-33 中。

表 5-33　物料存储模块装配图创建计划书

| 任务名称 | |
|---|---|
| 任务流程图 | |
| 任务指令 | |
| 任务注意事项 | |

**学习笔记**

物料存储模块装配图创建的操作步骤见表 5–34。

物料存储单元装配图

表 5–34　物料存储模块装配图创建步骤

| 序号 | 图片展示 | 说明 |
|---|---|---|
| 1 | | 打开装配体文件：<br>启动软件，打开装配体文件。 |
| 2 | | 创建装配图文件 1：<br>单击①"菜单"，展开②"文件"级联菜单，单击③"新建"。 |
| 3 | | 创建装配图文件 2：<br>选择①"图纸"，选择②"A2 – 装配无视图"，命名为③"物料存储单元装配图"，指定④"文件夹"，单击⑤"确定"按钮。 |

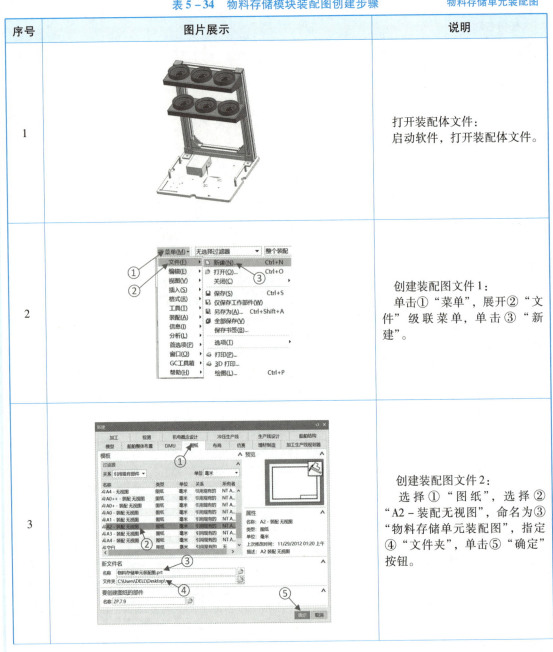

续表

| 序号 | 图片展示 | 说明 |
|---|---|---|
| 4 | 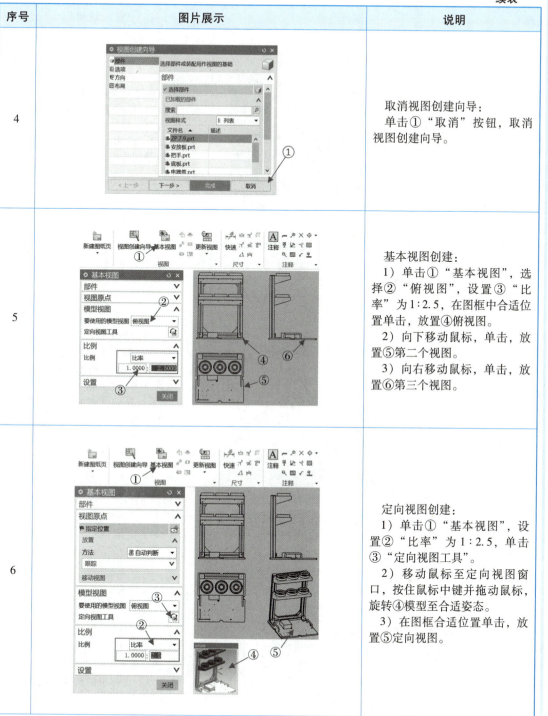 | 取消视图创建向导：<br>单击①"取消"按钮，取消视图创建向导。 |
| 5 | | 基本视图创建：<br>1）单击①"基本视图"，选择②"俯视图"，设置③"比率"为1∶2.5，在图框中合适位置单击，放置④俯视图。<br>2）向下移动鼠标，单击，放置⑤第二个视图。<br>3）向右移动鼠标，单击，放置⑥第三个视图。 |
| 6 | | 定向视图创建：<br>1）单击①"基本视图"，设置②"比率"为1∶2.5，单击③"定向视图工具"。<br>2）移动鼠标至定向视图窗口，按住鼠标中键并拖动鼠标，旋转④模型至合适姿态。<br>3）在图框合适位置单击，放置⑤定向视图。 |

项目五 物料存储模块装配与工程图 269

续表

| 序号 | 图片展示 | 说明 |
|---|---|---|
| 7 | | 中心线及尺寸标注：<br>1）单击①"2D中心线"，为各视图添加中心线。<br>2）单击②"快速"，为各视图添加装配尺寸。 |
| 8 | | 明细表删除：<br>1）单击①"图层设置"，单击②"170"前的灰色钩号，使其变为红色。<br>2）移动鼠标至明细表的左上角，该表颜色变为黄色时，单击鼠标右键，单击③"删除"。 |
| 9 | | 明细表创建与设置（1）：<br>1）单击①"零件明细表"，在图框中单击，移动鼠标至明细表左上角，表变黄时单击右键，单击②"设置"。<br>2）在弹出的新窗口中，选择③"右下"。 |

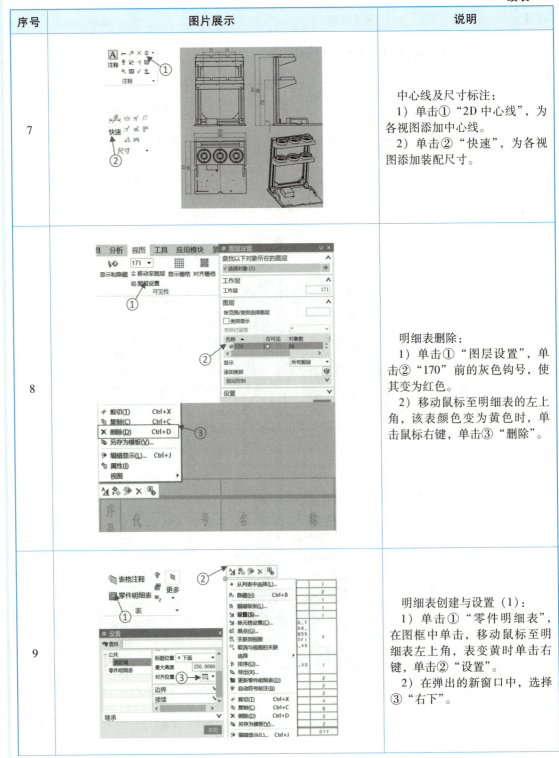

续表

| 序号 | 图片展示 | 说明 |
|---|---|---|
| 10 | 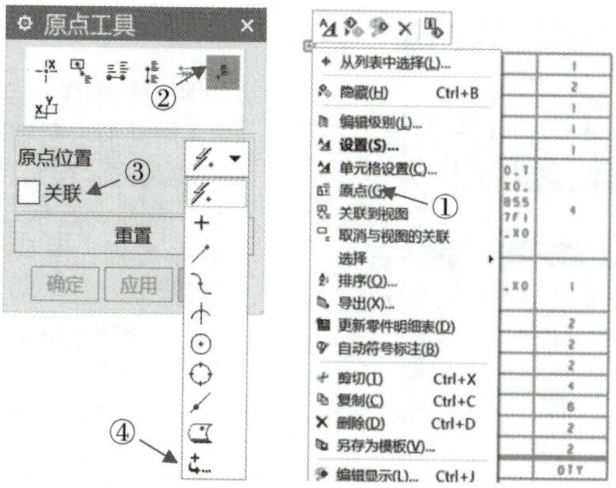  | 明细表创建与设置（2）：<br>1）鼠标移至明细表左上角，颜色变为黄色时，单击右键，单击①"原点"。<br>2）单击②"点构造器"，取消勾选③"关联"，单击④"点构造器"。 |
| 11 | 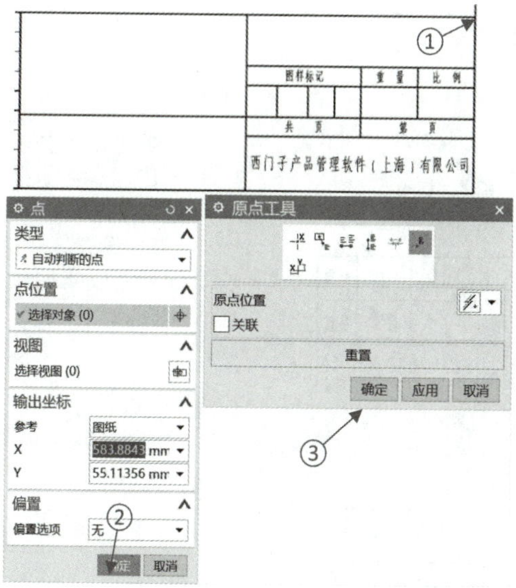  | 明细表创建与设置（3）：<br>单击①标题栏右上角，单击②"点"对话框中的"确定"按钮，单击③"原点工具"对话框中的"确定"按钮，即可完成标题栏的定位。 |
| 12 | 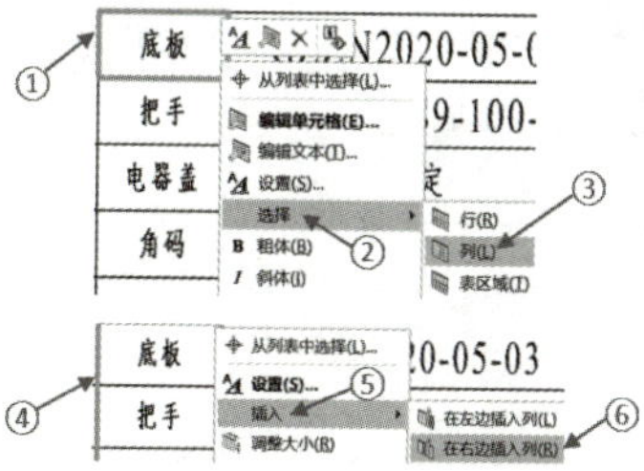  | 明细表创建与设置（4）：<br>1）移动①鼠标至中间列的某一行，单击右键，选择②"选择"，单击③"列"。<br>2）移动④鼠标至对应列，单击右键，选择⑤"插入"，单击⑥"在右边插入列（R）"。 |

项目五 物料存储模块装配与工程图 271

续表

| 序号 | 图片展示 | 说明 |
|---|---|---|
| 13 | | 明细表创建与设置（5）：<br>1）双击①明细表的最下面一行的某列，即可修改该列的名称，从左到右依次设置为序号、零件名称、图号/代号、数量、备注。<br>2）选择②最下面一行，单击右键，单击③"设置"。<br>3）选择④"单元格"，设置⑤"文本对齐"为"中心"。 |
| 14 | | 明细表创建与设置（6）：<br>1）选中①最左列，单击右键，单击②"调整大小"。<br>2）设置③"列宽"为27.7，即可完成④明细表与标题栏的对齐。 |
| 15 | | 明细表创建与设置（7）：<br>双击①明细表对应框，即可填写新建的列的相关内容。 |

续表

| 序号 | 图片展示 | 说明 |
|---|---|---|
| 16 | 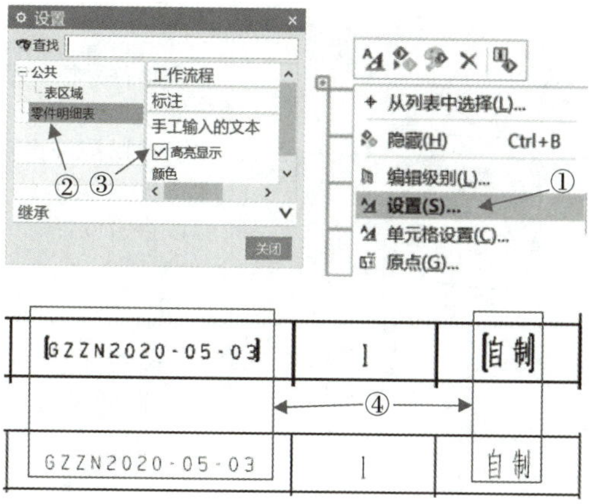 | 明细表创建与设置（8）：<br>1）鼠标移至明细表左上角，颜色变为黄色时，单击右键，单击①"设置"。<br>2）选择②"零件明细表"，取消勾选③"高亮显示"，即可取消④明细表中的方括号。 |
| 17 | 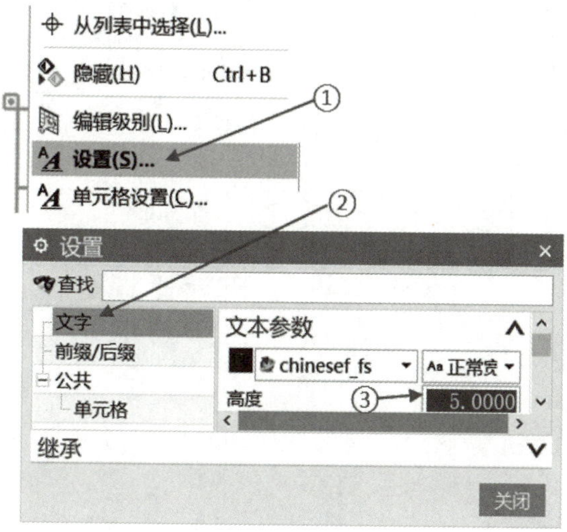 | 明细表创建与设置（9）：<br>1）鼠标移至明细表左上角，颜色变为黄色时，单击右键，单击①"设置"。<br>2）选择②"文字"，设置③"高度"为5，即可完成明细栏字体设置。 |
| 18 | 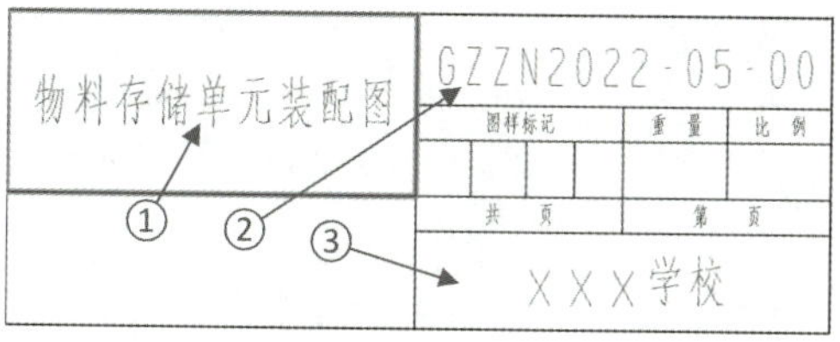 | 明细表创建与设置（10）：<br>双击对应区域，依次创建：①装配图名称、②图号和③单位等信息。 |
| 19 | 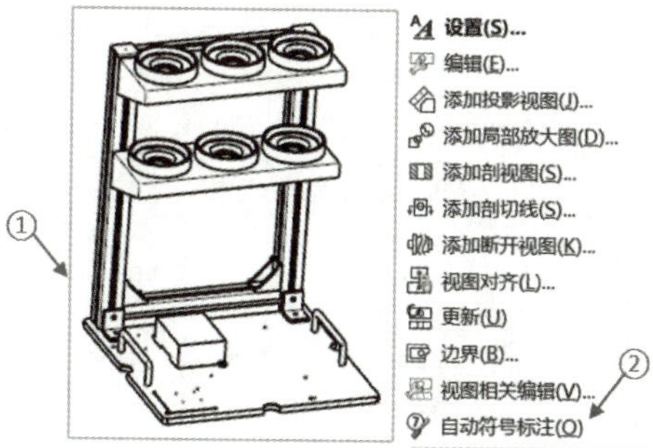 | 自动符号标注及设置（1）：<br>选中①视图，单击右键，单击②"自动符号标注"。 |

项目五　物料存储模块装配与工程图

续表

| 序号 | 图片展示 | 说明 |
|---|---|---|
| 20 | | 自动符号标注及设置（2）：双击①符号，展开②下拉菜单，选择符号指引的箭头形式，单击③端盖上的任意一点，可修改指引位置。 |
| 21 | | 自动符号标注及设置（3）：单击①符号，同时移动鼠标，可改变其位置，做美化处理。 |

**任务实施**

请同学们根据任务计划阶段做的物料存储模块装配图创建计划书,并结合操作步骤的内容,利用 UG NX 12.0 三维建模软件完成物料储存模块装配图的创建,并将建好的模型上传到超星网络教学平台。在实训过程中,请将问题、解决办法以及心得体会记录在表 5-35 中。

表 5-35 实训过程记录表

| | |
|---|---|
| 实训中出现的问题 | |
| 实训问题解决办法 | |
| 实训心得体会 | |

项目五 物料存储模块装配与工程图

**任务检查**

完成建模任务之后，请找两位同学（一位来自小组内，一位来自小组外）为你的作品评分，同时，在超星平台中查看企业导师与专业教师的评分情况，并根据老师、导师以及同学的评分情况修订作品。物料存储模块装配图创建评分表见表5-36。

表5-36  物料存储模块装配图创建评分表

| 姓名 | | 学号 | | | 得分 | |
|---|---|---|---|---|---|---|
| 序号 | 检查内容及标准 | 配分 | 组内评分 | 组外评分 | 导师评分 | 教师评分 |
| 1 | 新建图纸页正确得10分 | 10 | | | | |
| 2 | 基本视图创建正确得10分 | 10 | | | | |
| 3 | 标题栏填写正确得10分 | 10 | | | | |
| 4 | 明细栏创建正确得15分 | 15 | | | | |
| 5 | 装配尺寸标注正确得15分 | 15 | | | | |
| 6 | 定向视图创建正确得15分 | 15 | | | | |
| 7 | 自动标注符号创建正确得10分 | 10 | | | | |
| 8 | 实训过程中未违反课题规章制度得2分 | 2 | | | | |
| 9 | 按照实训设备使用规程操作设备得5分 | 5 | | | | |
| 10 | 按时参加学习，无迟到、早退得3分 | 3 | | | | |
| 11 | 实训过程中能主动帮助同学得5分 | 5 | | | | |
| | 合计总分 | 100 | | | | |
| 评分评语 | | | | | | |
| 评分人员签字 | | | | | | |

注意：本项目组内评分占20%，组外评分占20%，企业导师评分占30%，专业课教师评分占30%。

## 思政沙龙

### 1. 活动讨论

装配图能够帮助工程技术人员高效、快速地完成设备安装调试以及设备的检修，因此，装配图在生产中非常重要。请同学们讨论，一幅完整的装配图由哪些内容组成？各部分内容有什么作用？并将讨论的结果记录在表 5-37 中。

表 5-37 讨论记录表

| 讨论信息 |
| --- |
|  |
|  |
|  |
|  |
|  |
|  |
|  |

### 2. 导师点评

利用 QQ、微信、学习通 APP 等聊天软件与企业导师连线，请同学们将企业导师的点评信息记录在表 5-38 中。

表 5-38 导师点评记录表

| 导师点评信息 |
| --- |
|  |
|  |
|  |
|  |
|  |
|  |

### 3. 教师点评

请同学们将专业教师的点评信息记录在表 5-39 中。

表 5-39 教师点评记录表

| 教师点评信息 |
| --- |
|  |
|  |
|  |
|  |
|  |
|  |

## 任务拓展

六轴机器人常与末端执行器搭配完成相关任务，图 5-44 所示末端执行器用于搬运易拉罐可乐，请根据图 5-44 所示要求完成该机构的装配图创建。

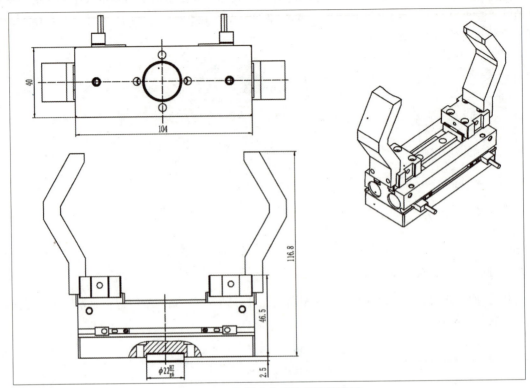

图 5-44 机器人末端执行器装配图

假设你是负责该项目的工程师，请你利用 UG NX 12.0 三维建模软件，完成机器人末端执行器装配图的创建，要求见表 5-40。

表 5-40 机器人末端执行器装配图创建要求

| 序号 | 要求 |
| --- | --- |
| 1 | 机器人末端执行器装配图应严格按照图 5-44 要求执行 |
| 2 | 正确创建装配视图且合理利用空间布局视图 |
| 3 | 合理利用中心对称线标注装配尺寸 |
| 4 | 正确创建局部剖视图并标注配合尺寸 |
| 5 | 正确创建装配尺寸且保证间距一致和美观 |
| 6 | 正确创建零件序号的标注 |
| 7 | 正确填写标题栏信息 |
| 8 | 正确填写明细表信息 |
| 9 | 装配图各个要素应完整，满足制图规范 |
| 10 | 请同学们将建好的模型上传到超星网络教学平台中 |